高等职业教育系列教材

ELECTRONIC AND INFORMATION

物联网嵌入式技术项目教程

主　编　张小恒　李　静
副主编　龚猷龙　唐志凌
参　编　刘文晶　刘金亭

本书采用项目制对标企业研发的具体工作过程，以智能家居——嵌入式室内控制与监控设置、物联网通信——有线及无线通信接口嵌入式设计、智慧交通——汽车行驶安全传感装置、智慧农业——温室大棚数据采集装置实现和智慧医疗——人体健康监控装置嵌入式实现5个物联网应用的热门行业为应用场景，基于典型案例任务进行物联网嵌入式的学习和实践，为物联网相关实际产品的开发打下良好基础。全书从认知路线出发，首先掌握嵌入式开发调试通用技能，再学习各个具体应用领域的专属技能，从而有利于实现技能的近迁移和远迁移。

本书既可作为高职院校电子信息类专业课程的教材，也可作为物联网嵌入式开发人员的技术参考书。

本书配有微课视频，扫描书中二维码即可观看。另外，本书配有电子课件，需要的教师可登录机械工业出版社教育服务网（www.cmpedu.com）免费注册，审核通过后下载，或联系编辑索取（微信：13261377872，电话：010-88379739）。

图书在版编目（CIP）数据

物联网嵌入式技术项目教程 / 张小恒,李静主编. —北京：机械工业出版社，2023.2

高等职业教育系列教材

ISBN 978-7-111-71995-3

Ⅰ. ①物… Ⅱ. ①张… ②李… Ⅲ. ①物联网-高等职业教育-教材 Ⅳ. ①TP393.4 ②TP18

中国版本图书馆 CIP 数据核字（2022）第 208185 号

机械工业出版社（北京市百万庄大街22号　邮政编码100037）
策划编辑：和庆娣　　　　　责任编辑：和庆娣
责任校对：张亚楠　梁　静　责任印制：李　昂

北京中科印刷有限公司印刷

2023年3月第1版·第1次印刷
184mm×260mm·12.25印张·303千字
标准书号：ISBN 978-7-111-71995-3
定价：55.00元

电话服务　　　　　　　　　　网络服务

客服电话：010-88361066　　　机　工　官　网：www.cmpbook.com
　　　　　010-88379833　　　机　工　官　博：weibo.com/cmp1952
　　　　　010-68326294　　　金　书　网：www.golden-book.com
封底无防伪标均为盗版　　机工教育服务网：www.cmpedu.com

前言 Preface

近年来随着物联网技术的飞速发展，应用范围遍布人们生产、生活的各个领域，嵌入式技术作为物联网感知层及网络接口的关键技术部分，在智能家居、工业控制、汽车电子、消费电子及可穿戴设备等多个方向上扮演着十分重要的角色。

本书讲解物联网嵌入式项目开发。采用的宿主机运行 Windows 10 操作系统，在宿主机开发环境中选用了开源的虚拟机 VirtualBox，加载界面友好成熟的桌面 Linux 系统 Ubuntu，在目标机硬件开发平台上选用以 ARM9 S3C2440 为处理器的两种开发平台——博创 UP-CUP2440 和 Mini2440，并以开源的嵌入式 Linux 作为操作系统以适应市场上更大范围的软硬件应用领域，读者可以通过两个平台的比较学习，真正掌握开发调试技能。在具体领域传感器选用上尽可能选用低成本、高性价比且在市场上极易购买获取的传感器模块，为读者搭建软硬件平台带来方便。

本书主要内容安排如下：

项目 1 主要介绍嵌入式开发中通用的开发技能，包括虚拟机系统的创建、嵌入式 Linux 的常用命令、简单 Makefile 文件的编写、可执行程序的交叉编译链接、目标板的串口监控及可执行程序的网络传输及运行；项目 2 介绍智能家居中的嵌入式应用，并以嵌入式驱动直流电动机、数码管、矩阵键盘和摄像头为典型案例；项目 3 介绍物联网通信中的嵌入式应用，并以 RS-485 总线、CAN 接口总线、蓝牙无线通信、WiFi 无线通信为典型案例；项目 4 介绍智慧交通中的嵌入式应用，并以 GPS 定位、超声波测距、振动传感为典型案例；项目 5 介绍智慧农业中的嵌入式应用，并以环境温湿度采集、光照度采集、土壤酸碱度检测为典型案例；项目 6 介绍智慧医疗中的嵌入式应用，并以心率血氧数据采集和心电数据采集为典型案例。

书中每个任务的具体实施均经过编者团队的具体验证，所有试验结果及中间过程都来自具体的实验数据，本书提供任务涉及的平台工具、开发环境、源码资料及相关教学视频。读者可参照书中所述步骤并结合所配套的电子资源进行学习。由于物联网嵌入式开发的通用技能都放在了项目 1 中，后续项目重复使用该技能时可直接参考项目 1。

本书由张小恒、李静担任主编，龚猷龙、唐志凌担任副主编，刘文晶、刘金亭担任参编。本书能顺利出版，要感谢重庆工商职业学院电子信息工程学院领导和老师们给予的大力支持和帮助。

为了保持与软件的一致性，书中部分电路图保留了绘图软件的电路符号，可能有个别电路符号与国标不一致，请读者注意。

  本书程序代码中用"□"表示空格，是为了引起读者注意，在实际程序代码中请直接用空格符号。

  由于时间仓促，书中难免存在不妥之处，请读者原谅，并提出宝贵意见。

编 者

二维码资源清单

序号	名 称	图 形	页码	序号	名 称	图 形	页码
1	任务1.1 虚拟机创建Tiny Linux及Ubuntu系统		1	14	任务3.1 RS-485现场总线通信		93
2	任务1.2 嵌入式Linux系统命令操作		18	15	任务3.2 CAN接口通信		100
3	1.2.3 嵌入式Linux文件操作常用命令		23	16	任务3.3 蓝牙无线通信		110
4	任务1.2 任务实施		25	17	任务3.4 WiFi无线通信		117
5	任务1.3 嵌入式命令编译调试简单C程序		30	18	任务4.1 智慧交通GPS模块设计		124
6	任务1.4 Makefile编译链接嵌入式C程序		35	19	任务4.2 超声波测距模块设计		131
7	任务1.5 监控S3C2440嵌入式目标板		40	20	任务4.3 振动传感模块设计		136
8	任务1.6 任务实施——嵌入式调试流程实验		50	21	任务5.1 环境温湿度采集		149
9	1.6.1 宿主机-目标机实验		50	22	任务5.2 光照度数据采集		156
10	任务2.1 智能家居产品中的直流电动机		59	23	任务5.3 土壤酸碱度检测		162
11	任务2.2 数码管与LED点阵显示		68	24	任务6.1 心率血氧传感器模块嵌入式设计		170
12	任务2.3 智能家居按键模块		76	25	任务6.2 心电监控嵌入式设计		176
13	任务2.4 嵌入式室内监控模块		86				

目录 Contents

前言
二维码资源清单

项目 1　嵌入式 Linux 开发调试基础 ········ 1

任务 1.1　虚拟机创建 Tiny Linux 及 Ubuntu 系统 ········ 1

任务描述 ········ 1
相关知识 ········ 1
1.1.1　物联网嵌入式概述 ········ 1
1.1.2　嵌入式硬件知识 ········ 4
1.1.3　嵌入式软件及开发环境 ········ 6
1.1.4　虚拟机嵌入式开发相关知识 ········ 8
任务实施 ········ 10

任务 1.2　嵌入式 Linux 系统命令操作 ········ 18

任务描述 ········ 18
相关知识 ········ 19
1.2.1　嵌入式 Linux 概述 ········ 19
1.2.2　嵌入式 Linux 磁盘管理常用命令 ········ 23
1.2.3　嵌入式 Linux 文件操作常用命令 ········ 23
1.2.4　嵌入式 Linux 账户管理常用命令 ········ 25
任务实施 ········ 25

任务 1.3　嵌入式命令编译调试简单 C 程序 ········ 30

任务描述 ········ 30
相关知识 ········ 30
1.3.1　GCC 编译器介绍 ········ 30
1.3.2　GDB 调试器介绍 ········ 32
任务实施 ········ 32

任务 1.4　Makefile 编译链接嵌入式 C 程序 ········ 35

任务描述 ········ 35
相关知识 ········ 35
1.4.1　Makefile 简介 ········ 35
1.4.2　Makefile 基本构成 ········ 35
任务实施 ········ 37

任务 1.5　监控 S3C2440 嵌入式目标板 ········ 40

任务描述 ········ 40
相关知识 ········ 40
1.5.1　S3C2440 嵌入式目标板介绍 ········ 40
1.5.2　串口接口标准 ········ 43
1.5.3　Telnet 协议 ········ 44
任务实施 ········ 45

任务 1.6　将可执行文件传输到目标机并执行 ········ 50

任务描述 ········ 50
相关知识 ········ 50
1.6.1　宿主机-目标机概述 ········ 50
1.6.2　以太网接口 ········ 50
1.6.3　TFTP 简介 ········ 51
1.6.4　FTP 简介 ········ 51
任务实施 ········ 51

拓展阅读　国产物联网嵌入式操作系统 ········ 56

项目小结 ········ 57
习题与练习 ········ 57

项目 2　智能家居——嵌入式室内控制与监控设置 ········ 59

任务 2.1　智能家居产品中的直流电动机 ········ 59

任务描述 ········ 59
相关知识 ········ 59
2.1.1　直流电动机应用场景及 PWM 控制原理 ········ 59

2.1.2 PWM 嵌入式 Linux 驱动模块设计 … 60	2.3.1 矩阵键盘工作原理 ………… 77
2.1.3 系统控制设计及嵌入式系统设计 … 65	2.3.2 矩阵键盘 Linux 驱动模块设计 … 77
任务实施 …………………………………… 65	2.3.3 嵌入式系统中键盘按键信息的获取 … 79

任务 2.2　数码管与 LED 点阵显示 … 68

任务描述 …………………………………… 68
相关知识 …………………………………… 68
2.2.1 数码管及 LED 点阵原理 ……… 68
2.2.2 数码管及 LED 点阵 Linux 驱动模块设计 …………………………… 69
2.2.3 数码管及 LED 点阵显示的嵌入式系统设计 ………………………… 72
任务实施 …………………………………… 73

任务 2.3　智能家居按键模块 …………… 76

任务描述 …………………………………… 76
相关知识 …………………………………… 77

任务实施 …………………………………… 80

任务 2.4　嵌入式室内监控模块 ……… 86

任务描述 …………………………………… 86
相关知识 …………………………………… 86
2.4.1 智能家居中的嵌入式监控应用 … 86
2.4.2 摄像头嵌入式驱动模块设计 …… 88
2.4.3 室内监控嵌入式系统设计 ……… 90
任务实施 …………………………………… 90

拓展阅读　智能家居 ……………………… 92
项目小结 …………………………………… 92
习题与练习 ………………………………… 92

项目 3　物联网通信——有线及无线通信接口嵌入式设计 ………… 93

任务 3.1　RS-485 现场总线通信 … 93

任务描述 …………………………………… 93
相关知识 …………………………………… 93
3.1.1 RS-485 接口简介 ……………… 93
3.1.2 RS-485 嵌入式硬件接口设计 … 94
3.1.3 RS-485 接口嵌入式驱动设计 … 95
3.1.4 RS-485 接口通信嵌入式系统设计 … 96
任务实施 …………………………………… 96

任务 3.2　CAN 接口通信 ……………… 100

任务描述 …………………………………… 100
相关知识 …………………………………… 100
3.2.1 CAN 接口通信原理 …………… 100
3.2.2 CAN 总线嵌入式硬件接口设计 … 101
3.2.3 CAN 接口 Linux 驱动模块设计 … 101
3.2.4 CAN 接口通信嵌入式系统设计 … 105
任务实施 …………………………………… 105

任务 3.3　蓝牙无线通信 ………………… 110

任务描述 …………………………………… 110
相关知识 …………………………………… 110
3.3.1 蓝牙无线通信原理 …………… 110
3.3.2 蓝牙模块硬件设计 …………… 110
3.3.3 蓝牙无线通信嵌入式实现 …… 111
任务实施 …………………………………… 112

任务 3.4　WiFi 无线通信 ……………… 117

任务描述 …………………………………… 117
相关知识 …………………………………… 117
3.4.1 WiFi 无线通信原理 …………… 117
3.4.2 WiFi 无线通信 Linux 驱动设计 … 118
3.4.3 WiFi 无线通信嵌入式设计 …… 119
任务实施 …………………………………… 119

拓展阅读　5G 通信技术 ………………… 122
项目小结 …………………………………… 123
习题与练习 ………………………………… 123

项目 4　智慧交通——汽车行驶安全传感装置 ……………………………… 124

任务 4.1　智慧交通 GPS 模块设计 … 124

任务描述 …………………………………… 124
相关知识 …………………………………… 124
4.1.1 GPS 定位原理与信号结构 …… 124
4.1.2 GPS 模块硬件设计 …………… 126

4.1.3 GPS 定位嵌入式实现 ………… 127
任务实施 …………………………………… 127

任务 4.2　超声波测距模块设计 …… 131

任务描述 …………………………………… 131
相关知识 …………………………………… 132

4.2.1 超声波测距模块工作原理 …… 132	4.3.2 振动传感器模块硬件设计 …… 139
4.2.2 超声波测距模块选型 …… 132	4.3.3 振动传感器嵌入式驱动设计 …… 140
4.2.3 超声波测距嵌入式设计实现 …… 133	4.3.4 振动传感器嵌入式系统设计 …… 144
任务实施 …… 133	任务实施 …… 144
任务 4.3　振动传感模块设计 …… 136	**拓展阅读　北斗卫星导航系统** …… 147
任务描述 …… 136	**项目小结** …… 148
相关知识 …… 137	**习题与练习** …… 148
4.3.1 振动测量原理 …… 137	

项目 5　智慧农业——温室大棚数据采集装置实现 …… 149

任务 5.1　环境温湿度采集 …… 149	5.2.3 光照度数据采集嵌入式设计 …… 158
任务描述 …… 149	任务实施 …… 158
相关知识 …… 149	**任务 5.3　土壤酸碱度检测** …… 162
5.1.1 环境温湿度传感原理及分类 …… 149	任务描述 …… 162
5.1.2 温湿度采集硬件电路设计 …… 151	相关知识 …… 162
5.1.3 环境温湿度采集嵌入式设计实现 …… 152	5.3.1 土壤酸碱度检测原理及方法 …… 162
任务实施 …… 152	5.3.2 土壤酸碱度检测电路设计 …… 163
任务 5.2　光照度数据采集 …… 156	5.3.3 土壤酸碱度嵌入式设计实现 …… 164
任务描述 …… 156	任务实施 …… 165
相关知识 …… 156	**拓展阅读　智慧农业** …… 168
5.2.1 光照度传感原理及相应传感器 …… 156	**项目小结** …… 169
5.2.2 光照度传感器硬件设计 …… 157	**习题与练习** …… 169

项目 6　智慧医疗——人体健康监控装置嵌入式实现 …… 170

任务 6.1　心率血氧传感器模块嵌入式设计 …… 170	任务描述 …… 176
任务描述 …… 170	相关知识 …… 177
相关知识 …… 170	6.2.1 心电数据采集原理 …… 177
6.1.1 血氧采集原理 …… 170	6.2.2 心电数据采集传感器硬件设计 …… 177
6.1.2 心率血氧传感器硬件设计 …… 171	6.2.3 心电传感器 Linux 驱动设计 …… 179
6.1.3 心率血氧信号采集嵌入式系统设计 …… 172	6.2.4 心电嵌入式系统设计 …… 183
任务实施 …… 173	任务实施 …… 183
任务 6.2　心电监控嵌入式设计 …… 176	**拓展阅读　智慧医疗** …… 187
	项目小结 …… 187
	习题与练习 …… 187

参考文献 …… 188

项目 1　嵌入式 Linux 开发调试基础

本项目是物联网嵌入式开发的基础部分，嵌入式项目开发的必备基础技能主要分为嵌入式开发环境的搭建（虚拟机创建 Ubuntu 系统）、嵌入式 Linux 主要命令操作、嵌入式编译器和调试器运用、编写嵌入式 C 文件并交叉编译、嵌入式目标板的串口监控以及可执行文件的传输及运行等。本项目将相关技能设计为对应的任务供读者消化完成，并在每个任务中融入嵌入式软硬件、嵌入式操作系统、虚拟机、编译调试原理等知识。

选取基于 ARM9 S3C2440 处理器的博创 UP-CUP2440 及 Mini2440 为嵌入式目标开发平台，以 VirtualBox 虚拟机搭建的 Ubuntu 桌面系统构建软件开发环境，以串口、以太网及 USB 接口作为基本硬件调试接口。熟练掌握嵌入式开发调试的基础技能，将为后续应用项目的开发起到事半功倍的效果！

素养目标
- 培养学生对文档资料的收集、整理及阅读能力
- 培养学生的标准化工作流程意识

任务 1.1　虚拟机创建 Tiny Linux 及 Ubuntu 系统

任务描述

任务 1.1 虚拟机创建 Tiny Linux 及 Ubuntu 系统

1. 任务目的及要求
- 了解嵌入式发展流程。
- 了解嵌入式系统的定义和特点。
- 了解嵌入式硬件基本知识。
- 掌握虚拟机创建 Tiny Linux 及 Ubuntu 系统的流程。

2. 任务设备
- 硬件：PC。
- 软件：VirtualBox 软件、Tiny Linux 映像、Ubuntu 映像。

相关知识

1.1.1　物联网嵌入式概述

1. 早期嵌入式发展阶段

早期嵌入式技术发展阶段大致分为无操作系统阶段、简单操作系统阶段、使用通用嵌入式操作系统（VxWorks、嵌入式 Linux、Windows CE 等）及通用嵌入式处理器（ARM、MIPS 等）的实时系统阶段和面向互联网应用阶段。

(1) 无操作系统阶段

即没有操作系统的支持，如使用 8 位 CPU 芯片来执行一些单线程的程序，其主要特点是结构功能相对单一，处理效率较低，存储容量小，用户接口少。

(2) 简单操作系统阶段

这个阶段出现了一批处理能力较早期更强大的低功耗嵌入式 CPU，能够运行一些简单的嵌入式操作系统。该时期的简单嵌入式操作系统如 μC/OS-Ⅱ、embOS、salvo、FreeRTOS 等能够在小容量 RAM 单片机上运行。

(3) 实时系统阶段

实时系统阶段使用通用嵌入式操作系统及通用嵌入式处理器，出现了以 vxWorks 为代表的成熟且功能更为强大的实时操作系统，具备文件和目录管理、多任务、网络支持、图形窗口等功能，比简单嵌入式操作系统的兼容性更好，效率更高，且具备大量的应用程序接口（API）。后期的嵌入式 Linux 由于在图形用户界面（GUI）、复杂设备兼容支持上更加友好及开源性等特点，逐渐成为主流嵌入式操作系统。

(4) 面向互联网应用阶段

互联网+时代的到来使得嵌入式更多面向 Internet 应用，这个阶段的主要特点是嵌入式操作系统的 TCP/IP 协议栈功能及嵌入式处理器的网络接口支持能力更加强大，系统通过移植、裁剪，能够在短时间内支持不同特征的应用场景，且效率更高。

2. 当前物联网嵌入式应用阶段

物联网（Internet of Things，IoT）的英文名称直译为"万物互连的 Internet"，即互联网面向除了人以外的万事万物进行扩展延伸。物联网构想是通过信息传感设备，按约定的协议，将任何物体与网络链接起来形成一个巨大网络，实现任何时间、任何地点，人、机、物的智能化识别、定位、跟踪、监管等功能。

如图 1-1 所示，物联网典型体系架构自下而上分为感知层、网络层和应用层三层，而嵌入式处理器位于最下面的感知层。

(1) 感知层

物联网的感知层主要是通过大量传感器收集物理信号，从而形成海量的原始信号，一方面嵌入式处理器对这些原始信号进行智能处理，提取关键有效信息，丢掉冗余部分，再重新加工封装便于网络传输；另一方面接收上层指令，对物理世界做出反馈。嵌入式既可以应对应用层大数据云计算直接处理海量数据的实时性和传输带宽限制等技术瓶颈，解决隐私数据安全性、业务数据可靠性等固有缺陷，也可以产生更快的网络服务响应，满足行业在实时业务、应用智能、安全与隐私保护等方面的基本需求。因此嵌入式技术的主要载体可以承担部分云计算的复杂计算分析功能，且更具有优势。

如果将物联网比作人体，感知层就是物联网的感官，相当于人的视觉、听觉、嗅觉、味觉、触觉等，具有实现物联网全面感知的能力。感知层包含的传感器有二维码标签识读器、RFID 标签读写器、温湿度传感器、传声器、摄像头、GPS 等，除了海量的传感器，感知层还包含传感器网络、相关协议、网关接口及支撑传感器信息采集及传输通信的软硬件等。如图 1-1 感知层所示，嵌入式平台一方面收集来自不同传感器的信息并进行必要的处理分析，另一方面作为传感器网络的节点将信息向更上层进行传输，或者接收来自上层的决策指令并进行控制。

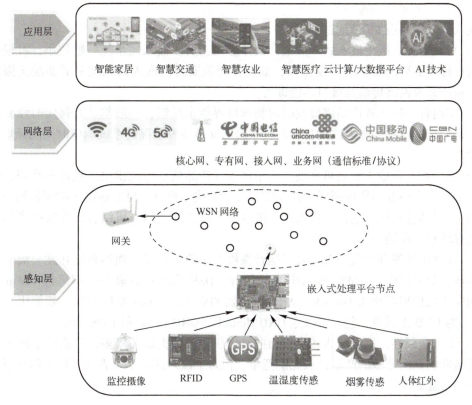

图1-1 物联网典型体系架构

（2）网络层

物联网的网络层类似于人体的中枢神经网络，具体指电信骨干网络。典型网络层包含主流运营商提供的互联网、4G/5G等移动通信网络，此外广电网、电力通信网、专用网（数字集群）等网络作为补充。接入网方式包括光纤接入、无线接入、以太网接入、卫星接入等。网络层的作用是实现感知层大规模传感处理数据的可靠传输。

（3）应用层

应用层位于物联网三层结构中的最顶层，类似人体的大脑，海量的传感数据通过网络层传输后在这里汇总并集中处理。应用层依赖大数据云计算平台的强大计算分析能力和人工智能技术，通过各种具体的应用层软件对数据进行计算、处理和知识挖掘，并将得到的决策、信息结果或学习到的知识反馈给感知层，或者作为产品服务提供出来，从而实现对万物互联的物理世界的精确管理、实时控制及科学决策。

3. 嵌入式系统的定义与特点

（1）嵌入式系统的定义

电气电子工程师学会（IEEE）的定义为：嵌入式系统是"用于控制、监视或者辅助操作机器和设备的装置"。国内采用百度百科的定义为：嵌入式系统是以应用为中心，以现代计算机技术为基础，能够根据用户需求（功能、可靠性、成本、体积、功耗、环境等）灵活裁剪软硬件模块的专用计算机系统。它一般由嵌入式微处理器、外围硬件设备、嵌入式操作系统以及用户的应用程序四部分组成，用于实现对其他设备的控制、监视或管理等功能。

(2) 嵌入式系统的特点

嵌入式系统具有如下特点。

1) 可裁剪性。因为嵌入式一般面向具体应用，所以嵌入式系统一般较小，可根据具体产品裁剪掉不必要的驱动组件及接口，如现在智能安防的嵌入式系统只需要配备摄像头驱动、视频压缩及网络传输及接口功能即可。

2) 实时性。嵌入式产品需要及时对物理世界做出反馈，一般都具有强实时性要求，如为了保证安全性，基于嵌入式的自动驾驶系统对交通突发状况的系统响应时间就极短，在毫秒数量级。

3) 低功耗、低成本和高可靠性。大量嵌入式产品依靠电池供电，且体积小巧、便捷可穿戴，如智能手环等必须按照低功耗系统设计、低成本价格且可靠性高才能满足用户需求。

4) 与具体应用同步迭代。嵌入式一般与其具体产品应用有机结合，升级换代与产品同步，具有较长生命周期。

5) 完整的开发环境及相关工具。运行裸机程序的嵌入式处理器系统开发一般采用集成开发环境，如单片机、STM32 等采用 Keil 软件，DSP 采用 CCS 软件，而运行 vxWorks 操作系统的嵌入式处理器使用 Tornado。ARM 处理器的嵌入式 Linux 系统开发一般使用一整套面向 ARM 的 GNU 工具链，包括 GCC、GNU Binutils、GNU make 和 Glibc 等。

6) 不可垄断性。由于嵌入式直接面向具体应用，种类极其繁多，这造成了嵌入式系统是不可垄断的高度分散的产品，虽充满竞争，但每个嵌入式的学习者和爱好者都有很大的机遇与创新可能。

1.1.2 嵌入式硬件知识

1. 嵌入式系统硬件组成

如图 1-2 所示为基于 ARM 的嵌入式硬件平台基本架构，包括 32 位的 ARM 微处理器 S3C2440。类似于 x86 平台计算机，运行操作系统的 SDRAM 系统内存及存放 BIOS 信息的 Flash 存储器，以及存放数据的 Flash 存储器构成了嵌入式硬件系统最基本的核心部分，还包括 RS-232、USB 等基本接口，键盘及 LCD 显示等基本输入/输出设备。

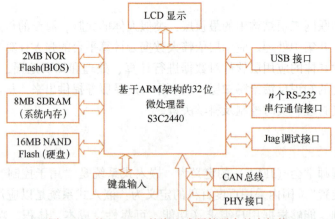

图 1-2 基于 ARM 的嵌入式硬件平台基本架构

(1) 嵌入式处理器特点

嵌入式处理器作为嵌入式系统的核心处理模块具有如下特点。

1) 实时多任务。能完成多任务并且有较短的中断响应时间，可使内部代码和实时内核的执行时间减少到最低限度。

2) 功能强大的存储区保护功能。为避免软件模块之间出现错误的交叉作用，设计了强大的存储区保护功能，同时有利于软件的诊断。

3) 功耗极低。用于便携式的无线及移动嵌入式设备一般都靠电池供电，功耗可低至 mW 甚至 μW 级。

(2) 嵌入式处理器分类

1) 嵌入式微处理器（Microprocessor Unit，MPU）。一种可编程特殊集成电路，也是单纯的处理器，需要搭配内存及其他外设才能构建一个系统，用于处理通用数据的叫作中央处理器（Central Processing Unit，CPU），专用于处理图像数据的叫作图形处理器（Graphics Processing Unit，GPU），用于处理音频数据的叫作音频处理器（Audio Processing Unit，APU）。

2) 嵌入式微控制器（Micro Controller Unit，MCU）。把中央处理器、存储器、定时/计数器（timer/counter）、各种输入/输出接口等都集成在一块集成电路芯片上的微型计算机，形成芯片级系统，即单片机。发展经过了 8 位 8051 单片机、16 位 AVR 单片机、32 位 STM 单片机多个阶段，由于其低成本、可靠性及适应性强，目前已有大量的产品种类和型号。

3) 嵌入式 DSP 处理器。数字信号处理器，一种特别适合进行数字信号处理运算的微处理器，其主要应用是实时快速地实现各种数字信号处理算法，如 TI 公司的 C6000 系列等。

4) 嵌入式片上系统（System on Chip，SoC）。一种将计算机或其他电子系统集成到单一芯片的集成电路。单片系统可以处理数字信号、模拟信号、混合信号甚至更高频率的信号。单片系统常常应用在嵌入式系统中。单片系统的集成规模很大，一般达到几百万个到几千万个门电路。对于图像处理，SoC 可能具有 MPU、数字信号处理器或图形处理单元的组合功能，用于执行快速算法计算，以及用于驱动显示器和 HDMI 或其他音视频输入/输出技术。SoC 可在单个微型集成电路上实现整个芯片系统。

(3) 嵌入式处理器选择

1) 具体的应用类型。不同的应用类型对处理器的选型有不同要求，如仅仅是简单控制可以选用 8 位单片机，若运行较复杂算法或较强网络功能就需要性能更强大、带有更多网络接口资源的 ARM 处理器。

2) 处理器性能和技术指标。考虑到同一类型处理器运算能力和功耗也不尽相同，选用性能和技术指标适宜的处理器才能最大限度降低成本。

3) 其他因素。不同品牌型号处理器厂家所提供的配套资源及工具并不相同，处理器是否有较好的软件开发工具支持、是否有完整的嵌入式 Linux 系统支持、是否内置调试工具、是否有相关软件开发工具包（Software Development Kit，SDK）支持，供应商是否提供评估板以及开发人员对此系列处理器的熟悉程度等都是重要的因素。还有如 DSP 等带有硬件的音视频协处理器，更使得相关处理是否高效也成为选用的重要因素。

2. 嵌入式处理器外围设备

(1) 实时时钟

主要提供可靠的时钟信息，包括时分秒和年月日，即使系统处于关机或停电状态，实时时钟通过备用电池供电也能正常继续工作。

（2）存储设备

存储设备提供执行程序和存储数据所需空间，常见的有随机存储器（Random Access Memory，RAM）、只读存储器（Read-Only Memory，ROM）和闪存（Flash Memory）。

（3）输入设备

输入设备向计算机输入数据和信息，是计算机与用户或其他设备通信的桥梁。主要有矩阵小型键盘、触摸屏等。

（4）输出设备

输出设备用于数据的输出，是计算机与用户交互的一种部件，把各种数据或信息以数字、字符、图像、声音等形式表示出来。常见的有发光二极管（Light-Emitting Diode，LED）显示和液晶显示器（Liquid Crystal Display，LCD）。

（5）嵌入式系统接口

1）并行接口。是指数据的各位同时进行传输，其特点是传输速度快，但当传输距离较远、位数又多时，则会导致通信线路复杂且成本提高，传输总线的长度受限（过长时，电子线路间将产生电容效应），且抗干扰能力差。常用的如打印机并口（Parallel Port）。

2）串行接口。简称串口，也称串行通信端口（Serial Communication Interface，SCI），是采用串行通信方式的扩展接口。一条信息的各位数据被逐位按顺序传输的通信方式称为串行通信。

串行通信的特点是：数据传输按位顺序进行，最少只需一根传输线即可完成；成本低但传输速度慢。串行通信的距离可以从几米到几千米；根据信息的传输方向，串行通信可以进一步分为单工、半双工和全双工三种。在嵌入式系统中常见的串行接口有集成电路总线（Inter-Integrated Circuit，I^2C）、集成电路内置音频总线（Inter-IC Sound，I^2S）、通用串行总线（Universal Serial Bus，USB）以及苹果公司开发的 IEEE1394 等。

1.1.3　嵌入式软件及开发环境

1. 嵌入式软件特点

（1）独特实用性

嵌入式软件与外部硬件和设备联系紧密，根据应用需求定向开发，面向产业，面向市场，每种具体的嵌入式软件都有各自独特的应用环境和实用价值。

（2）灵活实用性

嵌入式软件作为嵌入式系统中的模块化软件十分灵活，配置上极其优化，对系统整体继承性较小，升级更新非常方便。

（3）软件代码精简

由于嵌入式系统本身的有限存储空间，以及低成本、低功耗等限制，使嵌入式软件相比其他大型机软件具有更加精简、效率更高的特点。

（4）高可靠性稳定性

嵌入式系统的应用领域如汽车、工业控制、航空、航天等对软硬件的可靠性稳定性要求很高，因此嵌入式软件需要具有高可靠性、高稳定性，以及完备的错误处理故障恢复等功能。

2. 嵌入式软件分类

(1) 嵌入式系统软件

嵌入式系统软件是用于整体系统控制及管理的软件资源，包括硬件抽象层（Hardware Abstraction Layer，HAL）、板级支持包（Board level Support Package，BSP）、设备驱动程序、嵌入式操作系统及中间件等。

(2) 嵌入式应用软件

作为嵌入式系统的上层软件，嵌入式应用软件主要负责与用户交互，面向特定的应用，如音视频播放器、电子地图、通信社交、环境温湿度采集、飞行控制等软件。应用软件通过应用程序接口（Application Programming Interface，API）与底层操作系统进行交互。

(3) 嵌入式支撑软件

嵌入式支撑软件主要是辅助嵌入式软件开发的工具软件，如在线仿真、交叉编译器、程序模拟器等工具软件。

3. 嵌入式操作系统

(1) 嵌入式操作系统特点

1）可装卸性。具有开放性、可伸缩性的体系结构。

2）强实时性。嵌入式操作系统（Embedded Operating System，EOS）实时性一般较强，可用于各种设备控制中。

3）统一的接口。可提供各种设备驱动接口。

4）友好的交互性。操作简单、方便、提供友好的图形用户接口（Graphical User Interface，GUI），图形界面追求易学易用。

5）强大的网络功能。支持TCP/IP及其他协议，提供TCP/UDP/IP/PPP协议支持及统一的MAC访问层接口，为各种移动计算设备预留接口。

6）强稳定性，弱交互性。嵌入式系统一旦开始运行就不需要用户过多的干预，这就要负责系统管理的EOS具有较强的稳定性。嵌入式操作系统的用户接口一般不提供操作命令，它通过系统调用命令向用户程序提供服务。

7）固化代码。在嵌入式系统中，嵌入式操作系统和应用软件被固化在嵌入式系统计算机的ROM中。辅助存储器在嵌入式系统中很少使用，因此，各种内存文件系统被广泛使用。

8）良好的移植性。为了适应多种多样的硬件平台，嵌入式操作系统可在不做大量修改的情况下稳定地运行于不同的平台。

(2) 常见的嵌入式操作系统

常见的嵌入式操作系统有 μC/OS-II、eCos、Windows CE、VxWorks、pSOS、QNX、Palm OS以及嵌入式Linux等。

(3) 嵌入式软件开发环境

1）常见集成开发环境和工具。常见的嵌入式集成开发环境和工具包括GNU工具链、ARM Developer Suite、WindRiver Tornado、Microsoft Embedded Visual C++等。

2）嵌入式交叉开发环境。嵌入式系统通常是一个资源受限的系统，直接在嵌入式系统的硬件平台上编写软件比较困难，因此，需要一个交叉开发环境（Cross Development Environment），如图1-3所示。所谓交叉开发是指在通用计算机上编辑、编译程序，生成目标平台上可以运行的二进制代码格式指令，最后下载到目标平台上运行调试的开发方式。即宿主机-目标机开发方式。

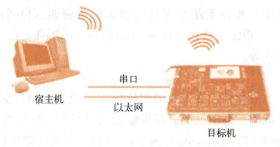

图 1-3　嵌入式交叉开发环境

3）嵌入式调试手段。嵌入式调试一般分为硬件调试及软件调试，硬件调试一般包括逻辑故障排除、元器件故障排除、电源故障排除；软件调试一般包括源程序模拟器、ROM 监控器、在线仿真器及在线调试器等手段。

1.1.4　虚拟机嵌入式开发相关知识

虚拟机（Virtual Machine，VM）是指通过软件模拟的具有完整硬件系统功能的、运行在一个完全隔离环境中的完整计算机系统。在实体计算机中能够完成的工作在虚拟机中都能够实现。在计算机中创建虚拟机时，需要将实体机的部分硬盘和内存容量作为虚拟机的硬盘和内存容量。每个虚拟机都有内存、硬盘和操作系统，可以像使用实体机一样对虚拟机进行操作。

1. 资源配置

虚拟机资源涉及多个方面，如 CPU、内存、网络以及磁盘。在规划虚拟机时应该考虑这些资源之间的关系，如果分配资源不合理，将会导致虚拟机内的应用程序性能表现不佳。

（1）CPU

虚拟机的每个虚拟 CPU（vCPU）只运行在一个物理核心之上，因此 CPU 频率越高虚拟机的运行速度也就越高，vCPU 数量越多越有助于提升应用的性能表现。如果虚拟机需要占用大量的 CPU 时间，那么可以考虑为虚拟机分配第二个 vCPU，但是为虚拟机分配两个以上 vCPU 并不一定能让应用运行得更快，因为只有多线程应用才能有效地使用多个 vCPU。

（2）RAM

RAM 资源通常有限，因此在给虚拟机分配 RAM 时需要格外小心。物理内存被完全占用后，必须确定哪些虚拟机能够保留物理内存，哪些虚拟机要释放物理内存，这称为"内存回收"。当虚拟机占用的物理内存被回收后，存在的一个风险就是会对虚拟机的性能造成影响。虚拟机被回收的内存越多，相应的风险也就越大。最明智的做法是只为虚拟机分配完成工作所需要的内存。分配额外的内存将会增加回收风险。

（3）网络带宽

网络带宽包括两方面：一是虚拟机和虚拟交换机之间的带宽，二是虚拟交换机与外部网络之间的带宽。对于与外部物理网络的连接，一定要确保主机具备速度最快的物理网卡。进行大量网络传输的虚拟机，虚拟机以及数据包的传输都会消耗 CPU 时间。因此，运行在 CPU 受限的服务器之上的虚拟机由于 CPU 无法快速响应请求可能会面临网络吞吐量不高的情况。

（4）磁盘性能

磁盘性能往往是制约虚拟机性能的关键因素。虚拟机磁盘性能受阵列磁盘数量、类型以及运行在其上的虚拟机数量的限制。因为集中地共享存储架构将导致通过同一位置访问所有的虚拟机磁盘，阵列的存储控制器以及磁盘过载情况很容易出现，只剩下虚拟机在等待存储的响应。虚拟机等待磁盘 I/O、虚拟机 CPU 空闲对性能的影响有很大不同。等待 I/O 的虚拟机无法做其他工作，因此高 I/O 等待时间意味着性能肯定会下降。进行周密的存储设计以避免上述情况的发生至关重要。

2. 主要用途

（1）演示不同环境

虚拟机上可以安装各种演示环境，便于进行各种演示。

（2）减小主机程序负担

为保证主机的快速运行，减少安装不必要不常用的程序，偶尔使用的程序或者测试用的程序可以在虚拟机上运行。

（3）方便复杂性、保密性应用

虚拟机可避免每次重新安装系统，可将不常用且保密要求较高的软件（如银行类的常用工具）单独放在一个环境下运行。

（4）方便特殊应用测试

如果需要测试不熟悉的应用，可以在虚拟机中随便安装和彻底删除。

（5）同时使用多个操作系统

虚拟机同时使用不同操作系统十分方便，如 Linux、Mac 等系统都有多个不同版本，直接在主机中安装代价极大，且无法同时使用和快速切换，这时可以采用虚拟机，安装不同的操作系统。

3. 常用虚拟机软件

（1）VMware Workstation

1999 年，VMware 公司发布了第一款产品——基于主机模型的虚拟机 VMware Workstation。2001 年又推出了面向服务器市场的 VMware GSX Server 和 VMware ESX Server。

VMware Workstation 可以同时运行各种 Linux 发行版、DOS、Windows 的各种版本、UNIX 等，甚至可以在同一台性能强大的计算机上安装多个 Linux 发行版、多个 Windows 版本。

VMware Workstation 的优点如下。

1）可同时在同一台 PC 上运行多个操作系统，每个操作系统都有自己的虚拟机，就如同网络上一个独立的 PC。

2）同时运行的两个虚拟机之间可以相互进行对话，一个虚拟机处于全屏模式，另一个虚拟机在后台运行。

3）在虚拟机上安装同一种操作系统的多个发行版，不需要重新对硬盘进行分区。

4）虚拟机之间共享文件、应用、网络资源等。

5）可以运行客户机-服务器（Client-Server，C/S）方式的应用，也可以在同一台计算机上使用另一台虚拟机的所有资源。

（2）Parallels Desktop

Parallels Desktop 是适用于 Mac OS 平台的虚拟机解决方案。可同时在一台 Mac OS 计算机上随时访问 Windows 和 Mac 两个系统上的应用程序而无须重启。相较 VMware，Parallels Desktop 无须重启，在两个系统同时运行期间可以实现文件互传、素材共用。

此外，该虚拟机的融合模式（Coherence）支持不显示 Windows 界面但是仍可使用 Windows 应用程序，或者在 Mac OS 上保留熟悉的 Windows 背景与"开始"菜单。同时运行 Windows 与 Mac OS 两种应用程序的方式都不会对性能产生任何影响。

多虚拟机支持 Windows、Linux、Chrome OS、Mac OS、Android OS 等。

Parallels Desktop 优点如下。

1）无缝集成，在 Mac 设备上也能使用 Siri 与 Cortana，它还支持 iCloud、Dropbox 与 Google Drive。

2）性能较好，比如暂停虚拟机与重启操作系统的速度较 VMware Fusion 8.5 快了 3 倍，可以实时优化虚拟磁盘，只有在实际需要时才会占用空间。

3）方便开发，免费为 Docker、Jenkins 和 Chef 等常用开发工具提供支持。

（3）Virtual PC

Virtual PC 是微软公司的虚拟化技术。允许在一个计算机上同时运行多个 PC 操作系统，包括 DOS、Windows、Windows Server 2003、UNIX、Linux 等，比如在 Windows 里运行 Windows 和 Linux。在较新的操作系统中运行 Virtual PC 虚拟机可以为传统应用提供安全环境以保持兼容性，它可以保存重新配置时间，方便相关支持和开发工作。

Virtual PC 的优点如下。

1）兼容性好，和大多数 Windows 系统的兼容性是最好的。

2）占用内存小，使用方便。

3）对网络的支持好，安装完成系统后配置一下 IP 即可上网。

（4）Oracle VirtualBox

VirtualBox 是由 Oracle 公司出品的软件。

VirtualBox 主要支持的操作系统包括：Linux、Mac OS、OpenSolaris、Solaris 10、Windows 等。

值得注意的是 VirtualBox 是开源软件，目前新版本已更新至 VirtualBox 6.1.32。

VirtualBox 的优点如下。

1）小巧精悍，安装文件下载方便，安装占用的硬盘空间较小。

2）官网发布支持更新更多操作系统类型的速度比 VMware WorkStation 更快。

3）开源免费。

任务实施

Linux 操作系统作为兼容性、适应性很强的开源系统，在嵌入式开发中获得广泛使用，但基于 ARM 处理器的嵌入式 Linux 系统无法搭建强大的开发环境，开发人员一般在基于 x86 处理器上的 Windows 系统上使用虚拟机创建 Linux 桌面系统进行程序编写，并配置 ARM 相关的工具链生成嵌入式系统对应的目标程序即可在嵌入式平台上运行。因此使用虚拟机搭建嵌入式开发环境是首要的工作步骤，这里的虚拟机选用主流的 VirtualBox 软件，Linux 桌面系统选用人机界面友好的 Ubuntu 系统。开发者还需要灵活掌握相关开发命令，因此项目中还选用了轻量级 Linux 系统 Tiny Linux 供初学者训练使用。

1. 创建简易 Linux 系统 Tiny Linux

1）启动 VirtualBox 软件，选择菜单"控制"→"新建"命令，如图 1-4 所示，弹出"新建虚拟电脑-虚拟电脑名称和系统类型"对话框，如图 1-5 所示。

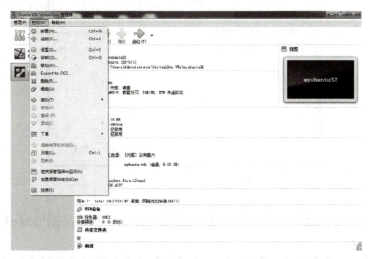

图 1-4 选择"新建"命令

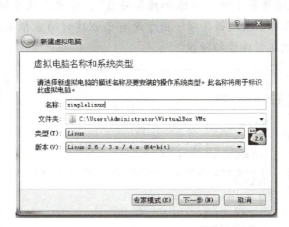

图 1-5 "新建虚拟电脑-虚拟电脑名称和系统类型"对话框

说明：本任务中的 VirtualBox 软件版本是 6.1.8，是 2020 年发布的，不同的 VirtualBox 界面略有差异，但基本操作方式是大体相同的。

2）在"名称"文本框中输入需要创建系统的名称如"simplelinux"，在"类型"下拉列表中选择"Linux"，"版本"下拉列表中选择"Linux 2.6/3.x/4.x（64-bit）"选项。

注意：系统内核版本兼容 2.6/3.x/4.x 等，选择 64 位还是 32 位，应与计算机系统保持一致。

3）单击"下一步"按钮，弹出"新建虚拟电脑-内存大小"对话框，如图 1-6 所示。

说明：默认值为软件根据所用计算机自动计算所得，由于虚拟机内存是直接占用所用计算机主机的内存，因此设置过大会导致虚拟机分走过多内存，不利于原有系统中其他软件的正常运行。一般保持软件的默认设置即可。

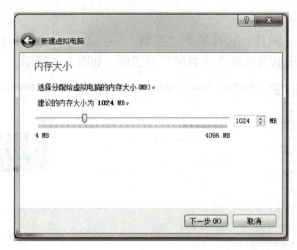

图 1-6　设置虚拟机内存

4）保持系统默认设置，单击"下一步"按钮，弹出"新建虚拟电脑-虚拟硬盘"对话框，如图 1-7 所示。

说明：该界面有 3 个选项："不添加虚拟硬盘""现在创建虚拟硬盘"和"使用已有的虚拟硬盘文件"。如果选择第 1 项"不添加虚拟硬盘"，将只能从虚拟光驱或者网络上启动虚拟机，因此一般选择第 2 项或第 3 项。由于没有已创建好的虚拟硬盘映像可以直接使用，这里应选择第 2 项"现在创建虚拟硬盘"。

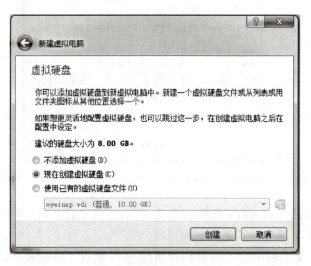

图 1-7　选择虚拟硬盘

5）单击"创建"按钮，弹出"创建虚拟硬盘-虚拟硬盘文件类型"对话框，如图 1-8 所示。

说明：虚拟硬盘文件类型主要包括 VDI、VHD 及 VMDK 三种。VDI 为 VirtualBox 专用的虚拟硬盘格式，VHD 为微软 Virtual PC 虚拟机虚拟硬盘格式，VMDK 为 VMware 文件格式。

6）保持系统默认设置，单击"下一步"按钮，弹出"创建虚拟硬盘-存储在物理硬盘上"对话框，如图 1-9 所示。

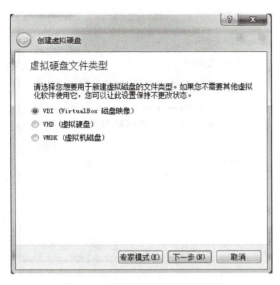

图 1-8　选择虚拟硬盘文件类型

说明：创建虚拟硬盘选择"动态分配"还是"固定大小"各有优缺点，"动态分配"可以按需使用存储空间，而"固定大小"占用的空间需要提前预估，即使实际使用很少也会占用相同磁盘空间，但使用速度较快。如果无法预估磁盘空间占用量，直接保持默认设置"动态分配"。

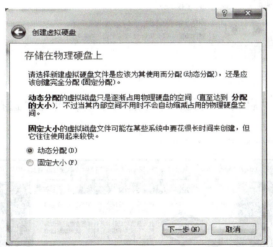

图 1-9　虚拟硬盘分配方式

7）单击"下一步"按钮，弹出"创建虚拟硬盘-文件位置和大小"对话框，如图 1-10 所示。

说明：可以直接输入新建虚拟硬盘文件的路径，也可以单击"文件夹"按钮，选择要保存的文件夹，并指定虚拟硬盘占用实际硬盘的极限大小。实际上软件已经给出了相关默认信息，可以不用修改，直接使用。

8）单击"创建"按钮，就会回到主界面"Oracle VM VirtualBox 管理器"，系统名会自动出现在界面左边，如图 1-11 所示。

图 1-10　设置虚拟硬盘路径和大小

图 1-11　系统创建完成

9）单击界面上方"启动"按钮，即可启动系统，出现"选择启动盘"对话框，如图 1-12 所示。

图 1-12　选择启动盘

说明:"没有盘片"表示需要手动选择系统镜像文件。

10)单击"没有盘片"右边的"文件夹"按钮,出现"请选择一个虚拟光盘文件"对话框,如图1-13所示。选择镜像文件所在文件夹,并在文件列表中选中系统镜像文件"CorePlus-current.iso",单击"打开"按钮,"选择启动盘"对话框中出现镜像文件名,如图1-14所示。

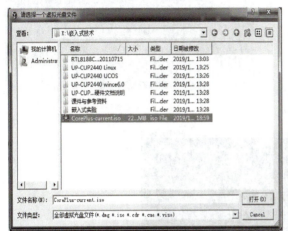
图1-13 选择系统镜像文件

图1-14 光盘方式启动

11)单击"启动"按钮,出现启动菜单栏,如图1-15所示。

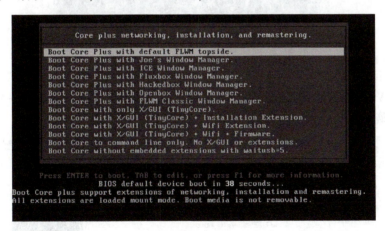
图1-15 选择系统内核启动项

说明:可以根据实际需要选择不同的启动方式,默认是第一种启动方式,直接选中并按〈Enter〉键即可。

12)等待几秒就会进入Tiny Linux系统界面,如图1-16所示。在系统界面右击鼠标出现快捷菜单,选择菜单"Applications"→"Terminal"命令,如图1-17所示,会出现"Terminal"窗口。

13)"Terminal"窗口即Linux的"终端",可输入Linux系统命令,如输入命令uname -a,可查看系统的版本号,如图1-18所示。接下来可以尝试练习Linux的基础命令。

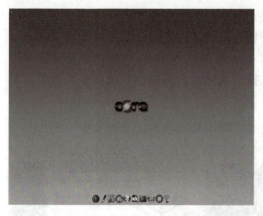 

图 1-16　Tiny Linux 系统界面　　　　　　　　图 1-17　打开系统终端控制台

图 1-18　查看系统版本

2. 创建简易 Ubuntu 系统

1）启动 VirtualBox 软件，选择菜单"控制"→"新建"命令，如图 1-19 所示。弹出"新建虚拟电脑-虚拟电脑名称和系统类型"对话框，如图 1-20 所示。

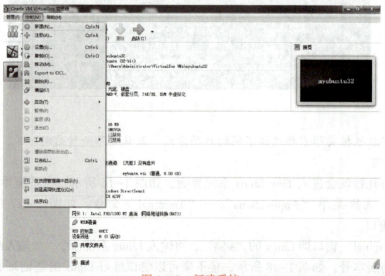

图 1-19　新建系统

2) 在"名称"文本框中输入需要创建系统的名称如"ubuntu_zxh",在"类型"下拉列表中选择"Linux","版本"下拉列表中选择"Ubuntu(32-bit)"选项。

注意:创建虚拟机计算机的路径一般保持给定的默认路径即可,如若存放其他路径可以修改。

3) 单击"下一步"按钮,弹出"新建虚拟电脑-内存大小"对话框,如图 1-21 所示。

说明:保持默认值不变即可,若内存修改过高可能导致桌面系统其他程序内存不足。

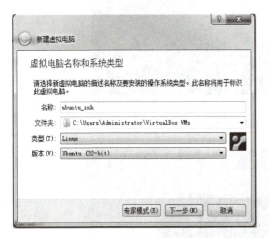

图 1-20 设置虚拟机名称和系统类型

图 1-21 设置虚拟内存大小

4) 单击"下一步"按钮,弹出"新建虚拟电脑-虚拟硬盘"对话框,如图 1-22 所示。

说明:由于 Ubuntu 是大型桌面操作系统,从光盘映像文件开始创建需要花费很长的时间,而且还要重新安装大量软件工具才能用于开发,因此为提高开发效果可以通过复制加载已制作完成的虚拟硬盘文件节省大量重复工作时间,该任务中作者已经制作完成可用于开发的 Ubuntu 虚拟硬盘文件,选择第 3 项"使用已有的虚拟硬盘文件"即可,找到已有的硬盘映像文件 mybuntu.vdi,单击"创建"即可创建完成 Ubuntu 系统。

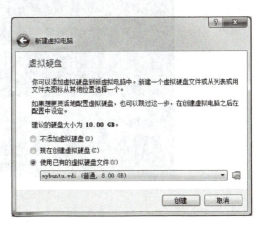

图 1-22 选择虚拟硬盘

5) 回到主界面,单击"启动"按钮,待系统启动完成出现 Ubuntu 系统登录界面,输入密码 123456,单击"登录"按钮即可进入系统,如图 1-23 所示。

6) 进入系统后按组合键〈Ctrl+Alt+T〉,即可弹出系统终端窗口,如图 1-24 所示,现在可开始嵌入式 Linux 的开发工作。

图 1-23 启动 Ubuntu 虚拟机

图 1-24 打开系统终端控制台

任务 1.2 嵌入式 Linux 系统命令操作

 任务描述

任务 1.2 嵌入式 Linux 系统命令操作

1. 任务目的及要求

- 了解嵌入式 Linux 的基础知识。
- 熟悉 Linux 文件系统结构及文件权限机制。
- 掌握基本的 Linux 磁盘管理命令。

- 掌握基本的 Linux 文件操作命令。
- 掌握基本的 Linux 网络操作命令。

2. 任务设备

- 硬件：PC。
- 软件：VirtualBox 软件、Tiny Linux 或 Ubuntu 映像文件。

 相关知识

1.2.1 嵌入式 Linux 概述

　　Linux 是一种基于可移植操作系统接口标准（POSIX）的多用户、多任务、支持多线程和多 CPU 的操作系统。软件支持主要的 UNIX 工具软件、应用程序和网络协议，硬件支持 32 位和 64 位。1991 年 10 月 5 日首次发布第一个 Linux 操作系统内核 Linux 0.01，目前有上百种不同的发行版本，主要包括 Red Hat Linux、Ubuntu Linux、SuSE Linux、Gentoo Linux、Debian Linux、Fedora 等。其优势包括：完全开源免费、多用户多任务、界面良好、多种平台支撑、软件支持丰富、安全可靠、良好稳定性及强大网络功能。

1. 嵌入式 Linux 操作系统

　　嵌入式 Linux（Embedded Linux）是指将完整的 Linux 经过裁剪修改小型化后，固化在嵌入式处理器的存储器中，并应用于特定场合的专用 Linux 操作系统。嵌入式 Linux 既继承了 Internet 上无限的开放源代码资源，又具有嵌入式操作系统的特性，与其他嵌入式操作系统相比具备如下优势。

（1）内核完全开源免费及良好移植性

　　由于内核代码完全开源免费，不同领域和不同层次的用户可以根据实际应用场景对内核进行改造，低成本地设计和开发出满足自己需要的嵌入式系统。类似于 Linux，嵌入式 Linux 也符合 IEEE POSIX.1 相关标准，使得应用程序可移植性良好。

（2）强大的网络支持及兼容性

　　嵌入式 Linux 支持所有标准的因特网协议，来源于 Linux 网络协议栈构建的嵌入式 TCP/IP 网络协议栈，除 IPV4 还包括 IPV6。此外还支持多种文件系统，包括 ext2、fat16、fat32、romfs 等。良好的兼容和支持特性有利于应用开发。

（3）Linux 具备一整套完整工具链

　　传统嵌入式开发调试一般采用在线仿真器（ICE）方式实现。仿真器为目标程序建立完整的仿真环境，完成监视调试相关功能。这种使用专用仿真器的调试方式适合硬件底层调试，但成本较高。而嵌入式 Linux 只需软硬件支持基本的串口功能即可进行调试，成本极低且能解决实际应用中的大部分问题。嵌入式 Linux 的完整工具链（Tool Chain）包括用作编译器的 GCC 工具，用作调试工具的 GDB、KGDB、XGDB 等。相关工具可以完成从操作系统底层到应用软件上层的调试。对不同平台架构及不同处理器开发者可以通过全套工具链建立相应的开发环境和交叉运行环境，开发及仿真十分方便。

（4）具有广泛的硬件支持特性

　　系统可运行在 x86、Alpha、Sparc、MIPS、PPC、Motorola、NEC、ARM 等多种硬件平

台,而且开放源代码,可以定制。

综上,嵌入式 Linux 应用领域非常广泛,如平板、机顶盒、手机、扫描仪、数据网络、交换机、路由器、服务器以及卫星通信、医疗电子、交通运输计算机外设、工业控制、航空航天领域各种特种设备等。与台式机/笔记本式计算机相比,各种手持设备、消费电子以及特殊用途的专用设备市场容量极大,因此嵌入式 Linux 系统具有极其强大的生命力和广泛的应用前景。

2. Linux 文件系统

Linux 文件系统目录如图 1-25 所示,"/"为根目录,其下的一级子目录作用如下所述。

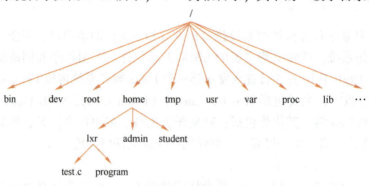

图 1-25 Linux 文件系统目录

(1) /bin

bin 是"二进制文件(Binaries)"的英文缩写,主要存放系统命令,普通用户和 root 超级用户都可以执行。放在/bin 下的命令在单用户模式下也可以执行。

(2) /boot

boot 是系统启动目录,保存与系统启动相关的文件,如内核文件、启动引导程序(grub)文件以及其他连接文件、镜像文件等。

(3) /dev

dev 是"设备(device)"的英文缩写,该目录下存放的是 Linux 的外部设备,在 Linux 中访问设备的方式和访问文件的方式是相同的。

(4) /etc

etc 是"等等(et cetera)"的英文缩写,这个目录用来存放所有的系统管理需要的配置文件和子目录。

(5) /home

home 是普通用户的主目录(也称为家目录)。在创建用户时,每个用户要有一个默认登录和保存自己数据的位置,就是用户的主目录,所有普通用户的主目录是在/home/下建立一个和用户名相同的目录。如用户 lxr 的主目录就是/home/lxr。

(6) /lib

lib 是"库(library)"的英文缩写,这个目录里存放着系统最基本的动态链接共享库文件,其作用类似于 Windows 里的动态链接库(dll)文件。几乎所有的应用程序都需要用到这些共享库文件。

(7) /lost+found

这个目录一般情况下是空的，当系统非法关机后，这里就存放了一些系统修复过程中恢复的文件。

(8) /media

media 是挂载目录。系统建议用来挂载媒体设备，如 U 盘和光盘。

(9) /mnt

mnt 也是挂载目录。早期 Linux 中只有这一个挂载目录。系统建议这个目录用来挂载额外的设备，如 U 盘、移动硬盘和其他操作系统的分区。

(10) /opt

安装大的应用程序。这个目录是放置和安装其他软件的位置，手工安装的源码包软件都可以安装到这个目录中。不过笔者还是习惯把软件放到 /usr/local/ 目录中，也就是说/usr/local/ 目录也可以用来放置和安装软件。

(11) /proc

proc 是"进程（processes）"的英文缩写，/proc 是一种伪文件系统（即虚拟文件系统），存储的是当前内核运行状态的一系列特殊文件，这个目录是一个虚拟的目录，它是系统内存的映射，可以通过直接访问这个目录来获取系统信息。

(12) /root

root 是超级用户的主目录。普通用户主目录在/home/下，超级用户 root 的主目录在"/"下。

(13) /sbin

保存与系统环境设置相关的命令，只有 root 超级用户可以使用这些命令进行系统环境设置，但也有些命令允许普通用户查看。

(14) /srv

该目录存放一些服务启动之后需要提取的数据。

(15) /sys

虚拟文件系统。和/proc/目录相似，该目录中的数据都保存在内存中，主要保存与内核相关的信息。

(16) /tmp

临时目录，系统存放临时文件的目录。在该目录下，所有用户都可以访问和写入。建议此目录中不保存重要数据，最好每次开机都把该目录清空。

(17) /usr

usr 是"共享资源（unix shared resources）"的英文缩写，这是一个非常重要的目录，用户的很多应用程序和文件都放在这个目录下，类似于 Windows 下的 program files 目录。

(18) /var

var 是"变量（variable）"的英文缩写，这个目录中存放着在不断扩充着的文件，一般可以将那些经常修改的目录放在这个目录下。包括各种日志文件。

(19) /run

这是一个临时文件系统，存储系统启动以来的信息。当系统重启时，这个目录下的文件应该被删掉或清除。如果系统上有/var/run 目录，应该让它指向 run 目录。

3. Linux 文件权限

Linux 是一个多用户操作系统，为了保护用户个人的文件不被其他用户读取、修改或执行，Linux 提供文件权限机制，文件的操作权限分为读、写和执行，分别用 r、w、x 来表示。对每个文件（或目录）而言，都有 4 种不同的用户。

- root：系统超级用户能够以 root 账号登录。
- owner：实际拥有文件（或目录）的用户。
- group：用户所在组的成员。
- other：以上三类之外的所有其他用户。

4. Linux Shell

Shell 是系统的用户界面，提供了用户与内核进行交互操作的一种接口。它接收用户输入的命令并把它送入内核去执行。

（1）Shell 的特点

1）图形用户界面化。Linux 提供了像 Microsoft Windows 那样的可视的命令输入界面——X Window 的图形用户界面（GUI）。它提供了很多窗口管理器，其操作就像 Windows 一样，有窗口、图标和菜单，所有的管理都是通过鼠标控制。现在比较流行的窗口管理器是 KDE 和 GNOME。

2）解析命令。Shell 内置的命令解释器，解析用户输入的命令并把它们送到内核。

3）可编程。Shell 有自己的编程语言用于对命令的编辑，它允许用户编写由 shell 命令组成的程序。Shell 编程语言具有普通编程语言的很多特点，比如它也有循环结构和分支控制结构等，用这种编程语言编写的 Shell 程序与其他应用程序具有同样的效果。

（2）常见的 Shell 版本

每个 Linux 系统的用户可以拥有自己的用户界面或 Shell，用以满足他们自己专门的 Shell 需要。同 Linux 本身一样，Shell 也有多种不同的版本。目前主要有下列版本的 Shell：

1）Bourne Shell：是贝尔实验室开发的。

2）BASH：是 GNU 的 Shell 版本，是 GNU 操作系统上默认的 Shell。

3）Korn Shell：是对 Bourne Shell 的发展，在大部分内容上与 Bourne Shell 兼容。

4）C Shell：是 SUN 公司 Shell 的 BSD 版本。

（3）Shell 提示符及命令操作

Shell 有两种提示符：#和 $。Linux 系统登录时可以用两种身份登录：root 用户和一般用户。以 "#" 为提示符表明该终端是由 root 用户打开的，root 用户具有最高权限，因此可以输入任何可用的命令。以 " $" 为提示符表明该终端是一般用户，一般用户在使用系统时是有限制的。

在 Shell 下输入相应的命令并按〈Enter〉键，Shell 就执行命令。如果没有此命令，Shell 会提示："command not fount"。Shell 命令是区分大小写的，一条命令只要有一个字母的大小写发生变化，系统就认为是一条不同的命令。输入命令、目录名或文件名的开头一个或几个字母后按〈Tab〉键，Shell 会在相应目录里进行匹配，自动补齐命令、目录名或文件名。还可以通过按〈↑〉或〈↓〉键来显示执行过的命令，这在重复执行某些命令时会给用户带来很大的方便。

1.2.2 嵌入式 Linux 磁盘管理常用命令

1. 显示工作路径命令

【格式】pwd

【功能说明】显示当前的工作目录。

2. 进入目录命令

【格式】cd□[⊖]<dirName>

【功能说明】变换工作目录至 dirName。

【举例说明】cd□/ 进入根目录

cd□.. 返回上一级目录

cd□../.. 返回上两级目录

3. 查看文件命令

【格式】ls□[参数]□<dirName>

【功能说明】列出指定目录下的文件、目录或子目录。

【举例说明】ls 查看当前目录下的文件、目录或子目录

ls□-l 显示当前目录下的文件和目录的详细资料

ls□-a 显示当前目录下包括隐藏文件在内的文件、目录或子目录

4. 创建文件夹命令

【格式】mkdir□[参数]□<dirName>

【功能说明】创建名为 dirName 的目录。

【举例说明】mkdir□dir1 创建一个叫作"dir1"的目录

mkdir□dir1□dir2 同时创建两个目录"dir1"和"dir2"

mkdir□-p□dir1 如果名为"dir1"的目录不存在，则创建一个"dir1"目录

5. 删除目录命令

【格式】rmdir□[参数]□<dirName>

【功能说明】删除空目录，若目录下有文件或子目录存在则不能删除。

【举例说明】rmdir□dir1 删除名为"dir1"的目录

rmdir□-p□dir1/ dir2 删除名为"dir2"的子目录，若"dir1"成为空目录则一并删除

1.2.3 嵌入式 Linux 文件操作常用命令

1. 查看文件内容命令

【格式】cat□[参数]□<文件名>

【功能说明】把一个文件或几个文件显示在屏幕上或其他文件中。

1.2.3 嵌入式 Linux 文件操作常用命令

【举例说明】cat□file1 显示文件"file1"的内容

⊖ 命令中用"□"表示空格，是为了引起读者注意，在实际操作中请直接用空格符号。

cat -n file1>file2 把文件"file1"的内容加上行号后输入到文件"file2"

2. 改变权限命令

【格式】chmod [参数] <文件名>

【功能说明】修改文件或目录的使用权限。

【举例说明】chmod 777 file1 修改文件"file1"的权限为所有用户可读可写可执行

3. 删除文件或目录命令

【格式】rm [参数] <filename/dirName>

【功能说明】删除文件或目录。

【举例说明】rm -f file1 强制删除名为"file1"的文件

rm -r dir1 删除名为"dir1"的目录

4. 剪切命令

【格式】mv [参数] <文件名/目录名> <文件名/目录名>

【功能说明】重命名文件或将其移至另一目录。

【举例说明】mv file1 file2 将文件名"file1"修改为"file2"

mv dir1/file1 new_dir/ 将目录"dir1"下的文件"file1"移至目录"new_dir"下

5. 复制命令

【格式】cp [参数] <文件名/目录名> <文件名/目录名>

【功能说明】将文件或目录复制到另一文件或目录中。

【举例说明】cp file1 file2 将名为"file1"的文件复制为"file2"

cp dir1/ * . 将目录"dir1"下的所有文件复制到当前工作目录

cp -a dir1 . 将目录"dir1"复制到当前工作目录

cp -a dir1 dir2 将目录"dir1"复制到"dir2"

6. 创建空白文件命令

【格式】touch <文件名>

【功能说明】创建空白文件。

【举例说明】touch file1 创建名为"file1"的空白文件

7. 压缩解压相关命令

(1) 打包压缩

【格式】tar [参数] 压缩文件名 目录名

【功能说明】将目录内的所有文件打包压缩。

【举例说明】tar -cvf test.tar test/ 将文件夹"test/"打包压缩为文件"test.tar"

tar -jcvf test.tar.bz2 test/ 将文件夹"test/"打包压缩为文件"test.tar.bz2"

tar -zcvf test.tar.gz test/ 将文件夹"test/"打包压缩为文件"test.tar.gz"

(2) 解包解压

【格式】tar [参数] 压缩文件名

【功能说明】将压缩文件解包解压到当前目录。

【举例说明】tar -xvf test.tar 将"test.tar"解压为文件夹"test/"

tar□-jxvf□test.tar.bz2 将"test.tar.bz2"解压为文件夹"test/"
tar□-zxvf□test.tar.gz 将"test.tar.gz"解压为文件夹"test/"

1.2.4 嵌入式 Linux 账户管理常用命令

用户登录和账号管理相关命令如下。

(1) 切换用户

【格式】 su□<用户名>

【功能说明】 切换用户。

【举例说明】 su 切换到超级用户

su□zxh 切换到用户"zxh"

(2) 修改超级用户密码

【格式】 sudo□<密码>

【功能说明】 修改超级用户密码。

(3) 添加用户

【格式】 adduser□<用户名>

【功能说明】 添加用户。

【举例说明】 adduser□student 添加用户"student"

(4) 删除用户

【格式】 deluser□[参数]□<用户名>

【功能说明】 删除用户。

【举例说明】 deluser□-r□student 删除用户"student"

任务实施

任务1.2 任务实施

本次任务是对嵌入式 Linux 系统常用命令的综合运用,单个 Linux 命令掌握起来比较容易,但多个命令的组合运用需要大量练习才能逐渐熟练。

1. 创建目录

在用户 zxh 的目录(/home/zxh/)下用 mkdir 命令创建子目录 wlwclass1,命令格式为

```
mkdir□wlwclass1
```

如图 1-26 所示。

注意:由于〈Ctrl+Alt+T〉组合键打开终端后的当前路径就在 zxh 用户目录下,可以直接创建。

2. 创建文件

在子目录 wlwclass1 中用 touch 命令创建名为 test1.c、test2.c、test3.c 的三个文件,使用命令 cd□wlwclass1 进入文件夹,然后创建空白文件,命令格式为

```
touch□test1.c
touch□test2.c
touch□test3.c
```

如图 1-26 所示。

注意：为了验证命令操作是否成功，可以使用命令 ls□-l 查看当前目录的详细信息。

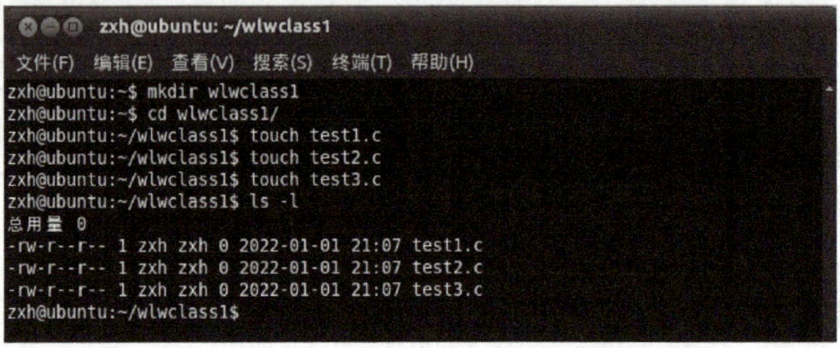

图 1-26　创建目录及文件

3. 修改文件属性

用 chmod 命令修改 test1.c 为所有用户可读可写可执行，test2.c 为所有用户只可读，test3.c 为文件拥有者只可读其他用户不可写不可执行，并查看文件属性修改是否成功。命令格式为

chmod□777□test1.c
chmod□444□test2.c
chmod□444□test3.c
ls□-l

如图 1-27 所示。

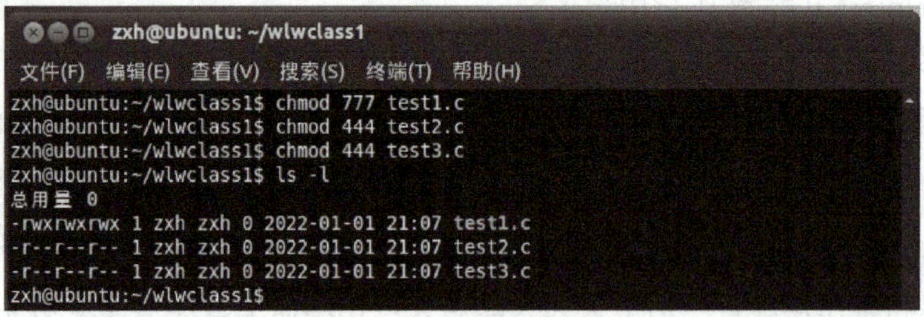

图 1-27　修改文件属性

说明：查看文件"test1.c"的属性为"-rwxrwxrwx"，表示对所有用户可读可写可执行，而"test2.c"及"test3.c"的属性均为"-r--r--r--"，即对所有用户均只读，满足要求。

4. 切换用户

使用命令 su 切换到超级用户，如图 1-28 所示。

注意：切换超级用户需要输入超级用户密码，这里需要注意的是 Linux 命令系统中不会像常见的密码输入会用星号显示密码输入的位数，只需要操作者直接输入密码再按〈Enter〉键即可。

图 1-28　切换用户

5. 编辑文件

（1）编辑 test1.c

用 vi 编辑器编辑文本 test1.c，添加字符串 12345abcde。首先输入命令 vi□test1.c，如图 1-29 所示，即可进入 vi 编辑器界面，如图 1-30 所示。在 vi 编辑器界面输入"i"进入编辑模式，然后输入字符串"12345abcde"，再按〈Esc〉键退出编辑模式，输入":wq"按〈Enter〉键则保存后退出。

注意：如果不保存而直接退出，则输入":q!"。

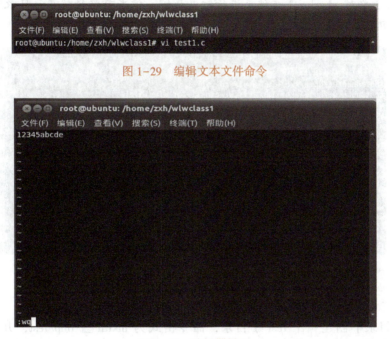

图 1-29 编辑文本文件命令

图 1-30 编辑器界面

（2）编辑 test3.c

用 vi 编辑器编辑文本 test3.c，添加字符串"hello world!!!"。

注意：由于文件 test3.c 不可写，则无法编辑，所以使用命令 chmod□666□test3.c 将文件属性改为可写，然后重新编辑输入字符串即可。

6. 查看文件内容

用 cat 命令查看 test1.c，test2.c 及 test3.c 的内容，如图 1-31 所示。

图 1-31 查看文件内容

7. 改变文件拥有者

用 chown 命令将 test1.c 拥有者和组名都改成 root，命令格式为 chown□root.root□test1.c，如图 1-31 所示。

8. 压缩打包文件

将目录/home/zxh/下的子文件夹 wlwclass1 分别打包成 wlwclass1.tar，wlwclass1.tar.gz，wlwclass1.tar.bz2。命令格式分别为 tar□-cvf□wlwclass1.tar□wlwclass1/，tar□-jcvf□wlwclass1.tar.bz2□wlwclass1/，tar□-zcvf□wlwclass1.tar.gz□wlwclass1/，如图 1-32 所示。

注意：由于要对 wlwclass1 文件夹进行打包压缩，但当前路径就在此目录下，因此要用命令 cd.. 退回到上一级目录。

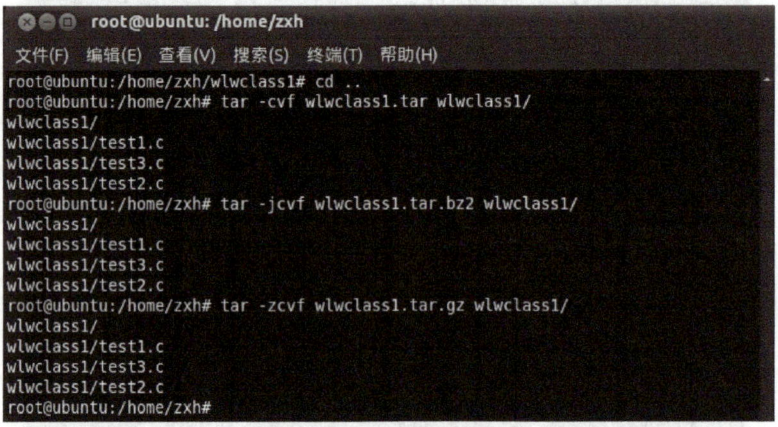

图 1-32　打包压缩

9. 复制文件

在/tmp/目录下创建一个 test 子目录，命令格式为 mkdir□/tmp/test，并用 cp 命令将 wlwclass1.tar，wlwclass1.tar.bz2，wlwclass1.tar.gz 复制到/tmp/test/目录下，命令格式如 cp□wlwclass1.tar□/tmp/test，再使用命令 ls□/tmp/test 查看操作是否成功，最后通过命令 ls□-l□/tmp/test 可查看压缩包的属性及文件大小等信息，如图 1-33 所示。

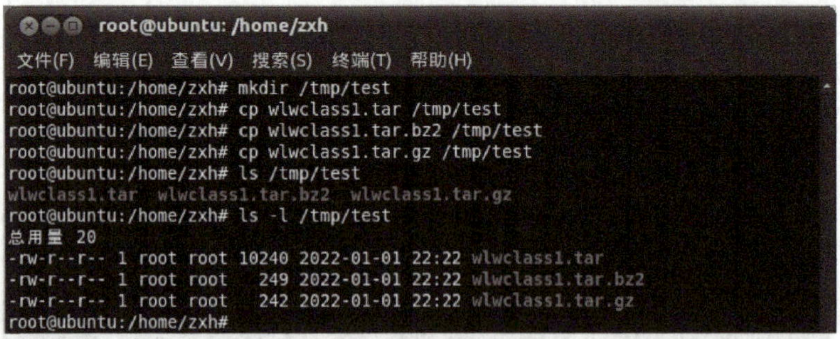

图 1-33　复制文件

10. 解压文件

在目录/tmp/test/下将 wlwclass1.tar.bz2 解压出来。首先使用命令 cd□/tmp/test/切换目录，然后分别进行解包解压，命令格式如 tar□-xvf□wlwclass1.tar，tar□-jxvf□test.tar.bz2， tar□-zxvf□test.tar.gz，如图 1-34 所示。

注意：由于解压出来的文件夹名称相同，因此会直接覆盖已有的同名文件夹。

图 1-34　解压文件

11. 剪切文件夹

将解压出来的 wlwclass1 目录剪切到/home/下。首先在剪切目录之前查看目录是否存在，命令格式为 ls□-l，然后进行剪切操作，命令格式为 mv□-b□wlwclass1□/home，如图 1-35 所示。

注意：参数-b 可起到目的路径若有同名目录则先备份再覆盖的作用。

图 1-35　剪切文件夹

12. 创建链接文件

为/etc 目录下的 passwd 文件创建一个链接文件，位置在/home/wlwclass1 中，名字为"wlwpasswd"。使用命令 ln□-s□/etc/passwd□/home/wlwclass1/wlwpasswd 完成此操作，然后使用命令 ls□-l□/home/wlwclass1/wlwpasswd 查看链接文件属性，如图 1-36 所示。

图 1-36　创建链接文件

13. 创建新用户

创建一个名为"xiaoming"的新用户，并切换到这个账户。使用命令 adduser□xiaoming 创建新用户"xiaoming"，再使用命令 su□xiaoming 切换到该用户，如图 1-37 所示。

图 1-37 创建新用户

任务 1.3 嵌入式命令编译调试简单 C 程序

 任务描述

任务 1.3 嵌入式命令编译调试简单 C 程序

1. 任务目的及要求
- 了解 GCC 编译器的基础知识。
- 了解 GDB 调试器的基础知识。
- 掌握使用 GCC 编译链接 C 源程序的基本方法。

2. 任务设备
- 硬件：PC。
- 软件：VirtualBox 软件和 Ubuntu 操作系统。

相关知识

1.3.1 GCC 编译器介绍

GNU 编译器套件（GNU Compiler Collection，GCC）是由 GNU 开发的编程语言编译器，它既包括 C、C++、Objective-C、Fortran、Java、Ada 和 Go 语言前端，也包括这些语言的库（如 libstdc++、libgcj 等）。

GCC 的初衷是为 GNU 操作系统专门编写的一款编译器，是以 GPL 许可证所发行的自由软件，现已被大多数类 UNIX 操作系统（如 Linux、BSD、MacOS X 等）采纳为标准的编译器，甚至在微软的 Windows 上也可以使用 GCC。

GCC 支持多种计算机体系结构芯片，如 x86、ARM、MIPS 等，并已被移植到其他多种硬件平台。

1. GCC 编译过程

在使用 GCC 编译程序时，编译过程分可为预处理（Pre-Processing）、编译（Compiling）、汇编（Assembling）和链接（Linking）4个阶段。

（1）预处理阶段

输入C语言的源文件，通常为*.c或*.C，它们一般带有*.h之类的头文件。这个阶段主要处理源文件中的#ifdef、#include和#define等预处理命令。该阶段会带有一个中间文件*.i，但实际工作中一般不用专门生成这种文件，若必须生成这种文件，可以使用下面的命令：

    gcc -E test.c -o test.i

它通过对源文件test.c使用E选项来生成中间文件test.i。

（2）编译阶段

输入的是中间文件*.i，编译后生成汇编语言文件*.s。这个阶段对应的GCC命令如下：

    gcc -S test.i -o test.s

（3）汇编阶段

将输入的汇编文件*.s转换成二进制机器代码*.o。这个阶段对应的GCC命令如下：

    gcc -c test.s -o test.o

（4）链接阶段

将输入的二进制机器代码文件*.o（与其他的机器代码文件和库文件）汇集成一个可执行的二进制代码文件。这一步骤的命令如下：

    gcc test.o -o test

2. GCC命令基本用法

GCC命令最基本的用法是：gcc [options] [filenames]

其中，options就是编译器所需要的选项，filenames为相关的文件名。各选项的含义如表1-1所示。

表1-1 GCC命令的选项含义

选项名称	含义
-c	只编译、不链接成可执行文件，编译器只是把输入的*.c的源代码文件生成*.o的目标文件，通常用于编译不包含主程序的子程序文件
-o output_filename	确定输出文件的名称为output_filename，同时这个名称不能和源文件同名。如果不给出这个选项，GCC就默认将输出的可执行文件命名为a.out
-g	产生调试器GDB所必需的符号信息，要对源代码进行调试，就必须在编译程序时加入这个选项
-O	对程序进行优化编译、链接。采用这个选项，整个源代码会在编译、链接过程中进行优化处理，这样产生的可执行文件的执行效率较高，但编译、链接的速度就相应地慢一些
-O2	比-O具有更好的优化编译、链接，但整个编译、链接过程会更慢
-Wall	输出所有警告信息，在编译过程中如果GCC遇到一些认为可能发生错误的地方，就会提出一些相应的警告和提示信息。提示用户注意这个地方可能存在错误
-w	关闭所有警告，建议不要使用此选项
-Idirname	将名为dirname的目录加入到程序头文件目录列表中，它是在预处理阶段使用的选项。I意指Include

1.3.2 GDB 调试器介绍

GDB 为 UNIX 及类 UNIX 系统下的调试工具。不同于 VC、BCB 等集成开发环境（Integrated Development Environment，IDE）的图形界面调试方式，GDB 采用命令方式。该调试工具具有更强大的功能，如修复网络断点以及恢复链接等。GDB 调试器常用命令如表 1-2 所示。

表 1-2 GDB 调试器常用命令

命令	简写	功 能
file		装入要调试的可执行文件
list	l	列出产生执行文件的源代码的一部分
kill	k	终止正在调试的程序
next	n	执行一行源代码，但不进入函数内部
step	s	执行一行源代码，且进入函数内部
continue	c	继续执行程序，直至下一中断或者程序结束
run	r	执行当前被调试的程序
quit	q	终止 GDB
watch		监视一个变量的值而不管它何时被改变
catch		设置捕捉点
break	b	在代码里设置断点，使程序执行到这里时被挂起
clear	c	删除一个断点，这个命令需要制定代码行或者函数名作为参数
delete	d	删除指定编号的断点，如果一次要删除多个断点，各个断点编号以空格隔开
info		查看断点信息
print	p	显示变量的值

任务实施

1. 创建 C 源文件

（1）登录 Ubuntu 系统

按〈Ctrl+Alt+T〉组合键进入命令环境，使用超级用户命令 su，密码为 123456，默认当前目录为/home/zxh，如图 1-38 所示。

图 1-38 切换超级用户

（2）修改文件属性

创建空白 C 程序文件，并修改属性使其能编辑，如图 1-39 所示。

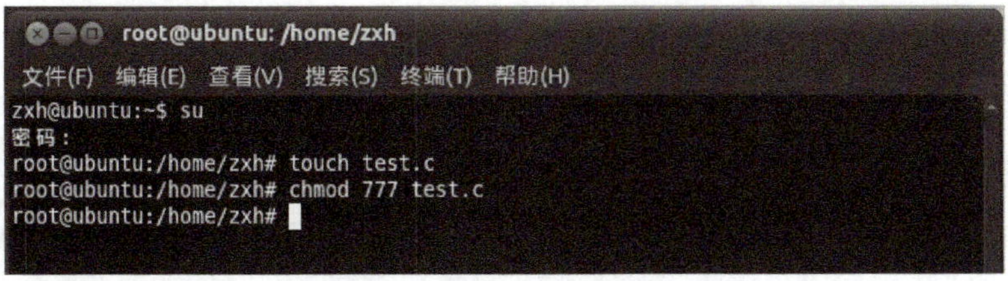

图 1-39 修改文件属性

（3）进入 C 程序文件所在文件夹

选择菜单"位置"→"主文件夹"命令，如图 1-40 所示，在"zxh"窗口内可见刚才创建的 test.c 文件，双击即可编辑，如图 1-41 所示。

图 1-40 桌面菜单操作

图 1-41 进入源文件所在文件夹

2. 编辑 C 源文件

编辑简单的 C 程序，代码如下：

```c
#include<stdio.h>
int add(int a, int b)
{
int c;
c=a+b;
return c;
}
int main(void)
{
int a,b,c;
printf("请输入 a 的值:");
scanf("%d",&a);
printf("请输入 b 的值:");
scanf("%d",&b);
c=a+b;
printf("a 与 b 的和为:%d\n",c);
}
```

Ubuntu 系统中的代码编写效果如图 1-42 所示。

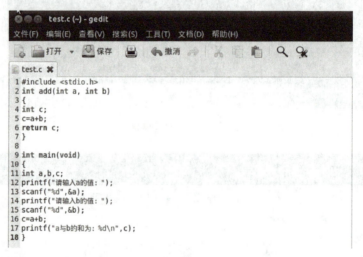

图 1-42　编写源程序

3. 编译生成可执行文件

编辑完成后，通过 GCC 编译器生成可执行文件。命令如下：

gcc□test.c□-o□testfile

再运行文件./testfile，如图 1-43 所示。

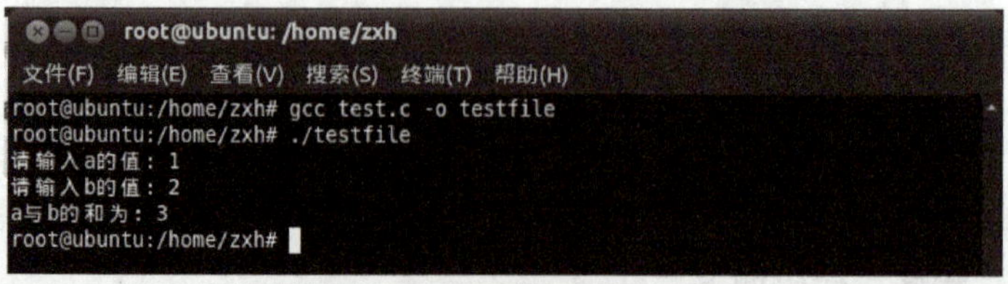

图 1-43　编译生成执行文件并运行

任务 1.4 Makefile 编译链接嵌入式 C 程序

 任务描述

任务 1.4 Makefile 编译链接嵌入式 C 程序

1. 任务目的及要求
- 了解 Makefile 文件基本组成要素。
- 掌握简单的 Makefile 文件编写方法。

2. 任务设备
- 硬件：PC。
- 软件：VirtualBox 软件和 Ubuntu 操作系统。

 相关知识

1.4.1 Makefile 简介

在 Linux（UNIX）环境下使用 GNU 的 make 工具构建工程十分容易，整个工程的编译只需要一个命令就可以完成编译、链接，即"自动化编译"。make 是一个命令工具，作用是解释 Makefile 中的指令，但这首先需要完成一个或者多个称为 Makefile 文件的编写。

Makefile 文件描述了整个工程的编译、链接等规则。包括：工程中的哪些源文件需要编译以及如何编译、需要创建哪些库文件以及如何创建这些库文件、如何产生想要的可执行文件。一旦提供一个（通常对于一个工程来说会是多个）正确的 Makefile，编译整个工程所要做的事就是在 Shell 提示符下输入 make 命令。整个工程完全自动编译，极大提高了效率。

1.4.2 Makefile 基本构成

Makefile 文件中描述了整个工程所有文件的编译顺序、编译规则。它有自己的书写格式、关键字、函数。像 C 语言有自己的格式、关键字和函数一样。而且可以使用系统所提供的任何命令来完成想要的工作。Makefile 在绝大多数的 IDE 开发环境中都在使用，已经成为一种工程的编译方法。一个完整的 Makefile 文件由显式规则、隐含规则、变量定义、文件指示及注释 5 部分构成。

1. 显式规则

一条显式规则指明了目标文件、目标文件的依赖文件、生成或更新目标文件所使用的命令。有些规则没有命令，这样的规则只是描述了文件之间的依赖关系。

2. 隐含规则

make 有自动推导功能，可以根据目标文件（典型的是根据文件名的扩展名来判断）自动推导出规则，这样可以比较简略地书写规则。比如，在 Makefile 文件中有一个规则：

```
module1.o:head1.h
```

make 根据目标文件名 module1.o 的扩展名"o"，自动产生目标的依赖文件 module1.c 和生成目标所使用的命令 gcc -c module1.c -o module1.o，因此它等价于：

```
module1.o：module1.c head1.h
    gcc -c module1.c
```

3. 变量定义

在 Makefile 中可以定义一系列的变量，变量一般都是字符串，当 Makefile 被执行时，其中的变量都会被扩展到相应的引用位置上。

变量名习惯上只使用字母、数字和下画线，并且不以数字开头。当然也可以是其他字符，但不能使用":""#""="和空格。变量名是区分大小写的，比如"var"和"Var"是两个不同的变量。变量值是一个文本字符串。在含有变量的 Makefile 中，make 执行时把变量名出现的地方用对应的变量值来替换。赋值符主要有 4 个：=、:=、+=、?=。

(1) 引用变量

当定义了一个变量之后，就可以在 Makefile 中使用这个变量。变量的引用方式是 $(变量名)或 ${变量名}。例如：$(foo)或者 ${foo}就是取变量"foo"的值。

(2) 变量定义

在 Makefile 中，有两种类型的变量：递归展开变量和立即展开变量。

1) 递归展开变量。通过"="赋值的变量是递归展开变量。这种定义方式的好处是：在变量未定义时就可以使用该变量。例如，在"foo= $(bar)"中，提前引用了变量 bar。如果变量 bar 在整个 Makefile 中都没有定义，则 $(bar)的值为空。这种定义的缺点是：可能造成死循环。如：CFLAGS= $(CFLAGS) - O，导致了死循环。

2) 立即展开变量。使用赋值符":="赋值的变量是立即展开变量。这种类型的变量在定义时立即展开，而不是引用该变量时才展开。例如：CFLAGS：= $(include_dirs) - O，include_dirs：= -lfoo -lbar。

(3) 预定义变量

在 Makefile 中，预定义了许多变量，可以直接使用。在隐含规则中通常会使用预定义变量。常用的预定义变量如表 1-3 所示。

表 1-3 常用的预定义变量

名称	初始值	说明
CC	cc	默认使用的编译器
CFLAGS	-o	编译器使用的选项
MAKE	make	make 命令
MAKEFLAGS	空	make 命令的选项
SHELL		默认使用的 Shell 类型
PWD		运行 make 命令时的当前目录
AR	ar	库管理命令
ARFLADS	-ruv	库管理命令选项
LIBSUFFIXE	.a	库的后缀
A	a	库的扩展名

(4) 自动变量

Makefile 还预定义了一组变量，它们的值在 make 运行过程中可以动态改变，它们是隐含规则所必需的变量，这类变量称为自动变量。常用的自动变量有："$@""$^""$<"，"$@"代表目标文件，"$^"代表所有的依赖文件，"$<"代表第一个依赖文件。

（5）自动变量应用举例

1）未改写的 Makefile 文件。

```
main:main.o□module1.o□module2.o
[TAB]gcc□main.o□module1.o□module2.o□-o□main
main.o:main.c□head1.h□head2.h□common_head.h
[TAB]gcc□-c□main.c
module1.o:module1.c□head1.h
[TAB]gcc□-c□module1.c
module2.o: module2.c□head2.h
[TAB]gcc□-c□module2.c
```

2）应用自动变量改写后的 Makefile 文件。

```
OBJS:= main.o□module1.o□module2.o
[TAB]CC:=gcc
main:$(OBJS)
[TAB]$(CC)□$^□-o□$@
main.o:main.c□head1.h□head2.h□common_head.h
[TAB]$(CC)□-c□$<
module1.o:module1.c head1.h
[TAB]$(CC)□-c□$<
module2.o: module2.c□head2.h
[TAB]$(CC)□-c□$<
```

4. 文件指示

文件指示的作用是在 Makefile 中引用另一个 Makefile，指定 Makefile 中的有效部分以及定义多行命令。

5. 注释

Makefile 文件只有行注释，其注释使用"#"字符。

 任务实施

1. 创建 C 源文件

（1）登录 Ubuntu 系统

按〈Ctrl+Alt+T〉组合键进入命令环境，使用超级用户命令 su，密码 123456，默认当前目录为/home/zxh，如图 1-44 所示。

图 1-44 切换超级用户

（2）创建空白文件

分别创建空白程序文件 main.c，add.c，sub.c，mul.c，并修改属性使其能编辑，命令依次为 touch□main.c，touch□add.c，touch□sub.c，touch□mul.c，chmod□666□main.c□add.c□sub.c□mul.c。细节参考任务 1.3 具体实施流程。

2. 编辑源程序

编辑源码 main.c，add.c，sub.c 及 mul.c 内容如下。

```c
/ *** main.c ** */
#include <stdio.h>
int main( )
{
int a,b,c,d,e;
printf("请输入 a:");
scanf("%d",&a);
printf("请输入 b:");
scanf("%d",&b);
c=add(a,b);
d=sub(a,b);
e=mul(a,b);
printf("a 与 b 的和为%d,差为%d,积为%d\n",c,d,e);
}
/ ** * add.c ** */
int add(int a,int b)
{
int c;
c=a+b;
return c;
}
/ ** * sub.c ** */
int sub(int a,int b)
{
int d;
d=a-b;
return d;
}
/ ** * mul.c ** */
int mul(int a,int b)
{
int e;
e=a*b;
return e;
}
```

3. 编辑 Makefile 文件

创建空白 Makefile 文件并修改属性为可编辑，命令格式为 touch□Makefile，chmod□666 □Makefile，如图 1-45 所示。再编辑 Makefile 文件内容，如图 1-46 所示。

```
root@ubuntu:/home/zxh
文件(F) 编辑(E) 查看(V) 搜索(S) 终端(T) 帮助(H)
root@ubuntu:/home/zxh# touch Makefile
root@ubuntu:/home/zxh# chmod 666 Makefile
root@ubuntu:/home/zxh#
```

图 1-45 创建空白 Makefile 文件

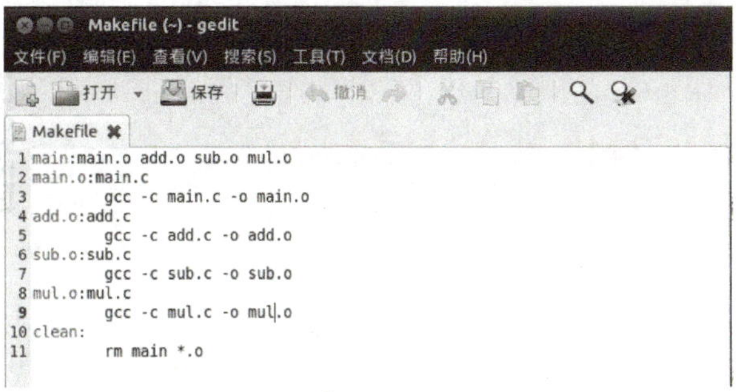

图 1-46　编辑 Makefile 文件

注意：〈Tab〉键位置。

main：main. o□add. o□sub. o□mul. o
main. o：main. c
[TAB]gcc□-c□main. c□-o□main. o
add. o：add. c
[TAB]gcc□-c□add. c□-o□add. o
sub. o：sub. c
[TAB]gcc□-c□sub. c□-o□sub. o
mul. o：mul. c
[TAB]gcc□-c□mul. c□-o□mul. o
clean：
[TAB]rm□main□*. o

4. 编译生成可执行文件

使用命令 make□clean 清除中间文件，再使用 make 命令生成执行文件，如图 1-47 所示。

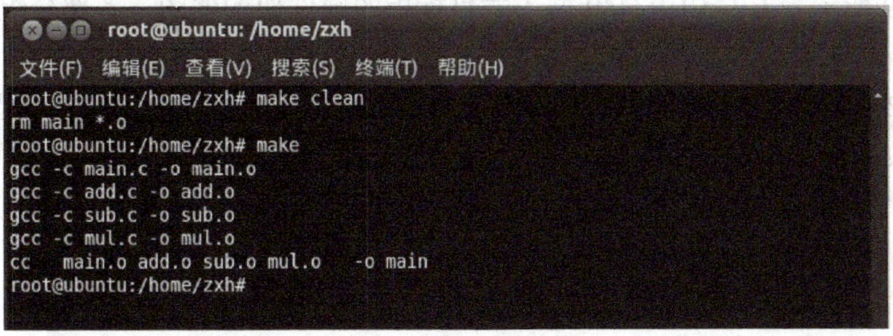

图 1-47　执行 make 命令

5. 程序运行

使用命令 ./main 运行程序，并输入参数，可观察到执行结果，如图 1-48 所示。

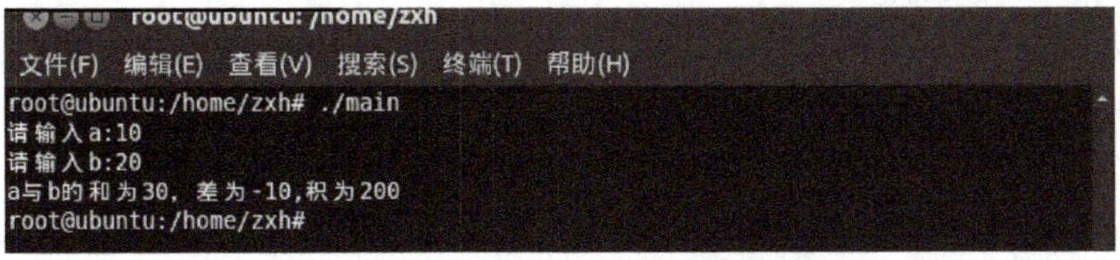

图 1-48　程序运行

说明：该程序实现加、减、乘法功能，可根据提示输入 a 的值和 b 的值，得到相应结果。

任务 1.5 监控 S3C2440 嵌入式目标板

任务1.5 监控S3C2440嵌入式目标板

 任务描述

1. 任务目的及要求
- 了解串口传输协议基础知识。
- 了解 RS-232 接口知识。
- 了解 Telnet 协议基础知识。
- 掌握串口监控嵌入式目标板的方法。
- 掌握 Telnet 网络监控嵌入式目标板的方法。

2. 任务设备
- 硬件：PC、串口线（USB 转串口线）、以太网线。
- 软件：VirtualBox 软件、Ubuntu 映像文件。

 **相关知识**

1.5.1 S3C2440 嵌入式目标板介绍

1. UP-CUP2440 嵌入式目标板

如图 1-49 所示为 UP-CUP2440 嵌入式目标板的硬件架构框图，各部分组成如下所述。

（1）核心板

UP-CUP2440 目标板采用 S3C2440 核心板，该核心板配置型号为三星 S3C2440A 的 ARM9 处理器、两个 64 MB 容量 SDRAM、两个 256 MB 容量 NAND Flash，还可选配置 2 MB 或 4 MB 容量的型号为 S29AL016 的 NOR Flash。实物图如图 1-50 所示。

（2）通信接口

1）两片型号为 DM9000AE 的 100 Mbit/s 网卡。

2）USB 接口包括从处理器 USB 主口通过 AU9254 扩展出的 4 个 USB 主口和 1 个处理器扩展出来的 USB 从口。

3）两个 RS-232 串口，处理器的 UART2 通过 CPLD 内部逻辑选择连接 1 个 RS-485 串口或 1 个 IrDA 红外收发器。

4）型号为 MCP2510 的 CAN 总线控制芯片和型号为 TJA1050 的 CAN 收发器芯片组成 CAN 总线接口。

（3）输入/输出设备、存储及扩展接口

1）使用 ATMEGA8 单片机控制两个 PS2 接口和 1 个板载 17 键小键盘，两个 PS2 接口可分别接计算机键盘和鼠标。

2）配有触摸屏控制接口。

3）音频接口编码器采用 UDA1341 和 UCB1400，具有放音、录音和线路输入等功能。功

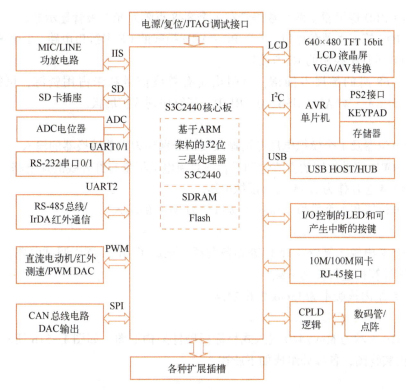

图 1-49　UP-CUP2440 嵌入式目标板的硬件架构框图

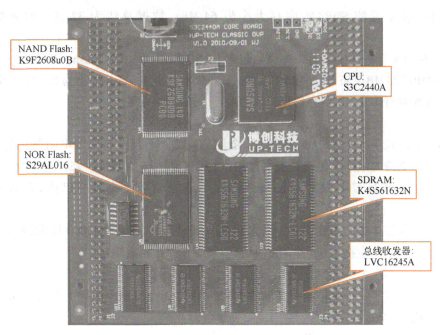

图 1-50　UP-CUP2440 核心板实物图

放电路由 LM386 构成，板载扬声器可播放音频。

4) 有 1 个 16/24 位 LCD 接口，1 个 VGA 接口和 AV 接口。

5）通过CPLD逻辑驱动两个数码管和1个8×8点阵发光二极管显示器。

6）1个IDE笔记本硬盘接口，1个PC CARD模式的CF卡接口电路，1个SD卡插座及1个ATMEGA8单片机控制的IC卡接口。

7）一个168脚的扩展卡插槽，可引出所有总线信号和未占用资源，可提供配套的GPRS/GPS、FPGA、WLAN、USB2.0、RFID、指纹识别等扩展板。

（4）特殊设备接口

1）3个电位器及1个模拟电压专用输入接口分别作为模数转换器的输入。

2）1个PWM驱动控制的直流电动机，该直流电动机带有红外线测速电路。

3）MAX504芯片作为D-A输出模拟电压。

4）3个电位器和1个模拟电压输入接口作为ADC的输入。

（5）电源、调试接口及操作系统内核版本

1）配有5V电源，复位及RTC等必备资源。集成了UP-LINK调试电路，可以直接用并口电缆连接计算机进行仿真下载。

2）操作系统内核版本为Linux 2.6.24.4。

2. Mini2440嵌入式目标板

如图1-51a所示为Mini2440嵌入式目标板硬件架构框图，如图1-51b所示为Mini2440嵌入式目标板实物图，各部分组成如下所述。

（1）处理器及存储器

1）目标板处理器型号为三星S3C2440A，主频为400 MHz，最高可达533 MHz。

2）目标板配置的SDRAM内存大小为64 MB，数据总线为32位，时钟频率可达100 MHz。

3）目标板配置的掉电非易失存储器包含NAND Flash和NOR Flash。NAND Flash存储器可选择64 MB/128 MB/256 MB/512 MB/1 GB不同版本，NOR Flash大小为2 MB，已预装BIOS系统。此外配置有1个SD卡存储接口。

（2）输入/输出设备

目标板上配置了4个LED显示灯，6个用户按键。不仅支持四线电阻触摸屏，还支持STN液晶屏，支持的液晶屏色彩类型有黑白、4级灰度、16级灰度、256色、4096色，屏幕分辨率可以达到1024×768像素。此外还配置了1路立体声音频输出接口及1路传声器接口。

（3）通信接口

目标板上配置了1个100 Mbit/s以太网RJ-45接口（采用DM9000以太网芯片），3个串行接口，1个USB主接口，1个USB从接口和1个I^2C总线接口。

（4）特殊设备

目标板上配置了1个可控制蜂鸣器的PWM电路，1个可调电阻和1个2.0 mm间距的20脚CMOS摄像头接口。

（5）电源、调试接口及操作系统内核版本

1）目标板配置了1个5V电源接口，1个12 MHz无源晶振，1个2.0 mm间距的10脚JTAG接口，1个2.0 mm间距的34脚GPIO接口和1个2.0 mm间距的40脚系统总线接口。

2）目标板操作系统内核版本为Linux 2.6.32.2。

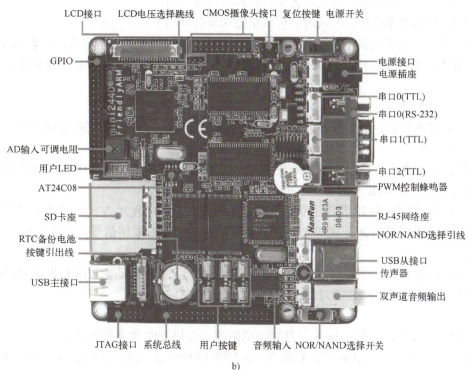

图 1-51 Mini2440 嵌入式目标板
a）硬件架构框图 b）实物图

1.5.2 串口接口标准

RS-232C 标准是广泛应用的异步串行通信接口，是美国 EIA 与贝尔等公司一起开发的通信协议，适合于数据传输速率在 0~20000 bit/s 范围内的通信。RS-232C 标准最初是为远程通信链接数据终端设备而定制的，当时并未考虑计算机系统的应用要求，但目前又广泛应用于计算机与终端或外设间的近端连接标准。这个标准的有些规定和计算机系统不是完全一致的。

RS-232C 标准包括了硬件协议，它用于连接两种设备：数据终端设备（Data Terminal Equipment，DTE）和数据通信设备（Data Communication Equipment，DCE）。RS-232C 标准定义了接口的机械特性、电气特性和功能特性。

最初，RS-232C 标准可采用 DB-25 和 DB-9 连接器，实际应用中大量使用的是 DB-9。DB-9 的外形和接口引脚如图 1-52 所示。引脚 1~引脚 9 分别为 DSR（数据设置就绪）、RTS（发送请求）、CTS（允许发送）、RI（振铃检测）、DCD（载波检测）、RxD（接收）、TxD（发送）、DTR（数据终端就绪）和 GND（信号地）。

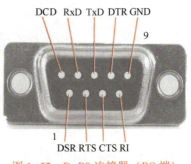

图 1-52　D-B9 连接器（PC 端）

1. 状态线

DSR：数据准备就绪，有效时表明数据通信设备可用。

DTR：数据终端就绪，有效时表明数据终端设备可用。

这两个信号有时连到电源上，上电就立即有效。但这两个状态信号有效只表示设备本身可用，并不能说明通信链路可以开始进行通信了，能否开始进行通信要由下面的控制信号决定。

2. 联络线

RTS：请求发送，DTE 准备向 DCE 发送数据时，使该信号有效，通知 DCE 要发送数据给 DCE 了。

CTS：允许发送，是对 RTS 的响应信号。当 DCE 已准备好接收 DTE 传来的数据时，使该信号有效，通知 DTE 开始发送数据。

RTS/CTS 请求应答联络信号用于半双工 MODEM 系统中发送方式和接收方式之间的切换。在全双工系统中，因配置双向通道，故不需要 RTS/CTS 联络信号，使其变高。

3. 数据线

RxD：接收数据。DCE 发送数据到 DTE，即 DTE 通过该引脚接收 DCE 发送的数据。

TxD：发送数据。DTE 通过该引脚发送数据到 DCE。

4. 其余

DCD：载波检测，表示 DCE 已接通通信链路，告知 DTE 准备接收数据。

RI：振铃指示，当 DCE 收到交换台送来的振铃呼叫信号时，使该信号有效，通知 DTE 已被呼叫。

GND：信号地。

1.5.3　Telnet 协议

Telnet 协议是 TCP/IP 协议族中的一员，是 Internet 远程登录服务的标准协议和主要方式，TCP 端口 23 支持 Telnet 服务。它为用户提供了在本地计算机上完成远程主机工作的能力。在终端使用者的计算机上使用 Telnet 程序，用它连接到服务器。要开始一个 Telnet 会话，必须输入用户名和密码来登录服务器。终端使用者可以在 Telnet 程序中输入命令，这些命令会在服务器上运行，就像直接在服务器的控制台上输入一样。Telnet 工具允许用户与远程系统之间进行交互，就好像是在本地系统中一样。

1. Telnet 协议原理

Telnet 基于三个原理：网络虚拟终端（Network Virtual Terminal，NVT）、协商原理、终端和进程的对称观。

（1）网络虚拟终端

为了支持异构性（在不同的平台和系统中的互操作性），Telnet 使用了 NVT。NVT 是数据和命令顺序的标准的表示方法。NVT 是客户机/服务器体系结构中的一种实现，把连接的每一端都作为虚拟终端进行对待（逻辑输入/输出设备）。逻辑输入设备（如用户的键盘）产生向外的数据。逻辑输出设备（如监视器）响应接收的数据和远程系统的输出。无论哪个虚拟终端产生指令，都被翻译成相应的物理设备指令。换句话说，客户端的 Telnet 程序将服务器发出的 NVT 代码映射为可以被客户端理解的代码。

（2）协商原理

一些系统可能提供 NVT 所包括的服务以外的服务，使用最少数量服务的系统可能无法正确地与另一端进行通信。因而，两台计算机进行 Telnet 通信时，通信和终端参数是在链接过程中确定的。任何一方无法处理的服务或进程将被忽略。这就减少了双方操作系统对交换信息的解释需求。例如，用户可能协商回送（echo）选项并指定是在本地还是在远程系统中执行回送。

（3）终端和进程的对称观

这意味着协商语法的对称性，既允许用户也允许服务器请求指定的选项。这种终端和进程的对称观优化了由另一端提供的服务。Telnet 不仅允许终端与远程应用交互，还允许进程-进程和终端-终端的交互。

2. Telnet 主要应用

连接在线数据库，以便访问信息；连接在线知识库，例如图书馆，以便查找信息；连接远程操作系统，以便使用应用程序，例如电子邮件等；连接交换机、路由器等网络设备以便实现远程配置与维护。

 任务实施

1. PuTTY 串口监控

（1）打开 PuTTY 软件

打开 PuTTY，在端口号"Serial line"文本框输入"COM1"，在速度"Speed"文本框输入"115200"，连接类型"Connection type"选择"Serial"单选按钮，如图 1-53 所示。单击窗口下方"Open"按钮，弹出"COM1-PuTTY"对话框，如图 1-54 所示。

注意：使用 USB 转串口需在计算机中安装 USB 转串口驱动，查看串口端口号并

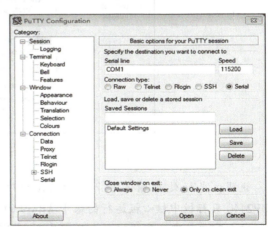

图 1-53 设置端口号及速率

根据此端口号进行设置。使用串口线连接计算机和 UP-CUP2440 目标板的串口，如果计算机没有串口，使用 USB 转串口连接母对母交叉线。

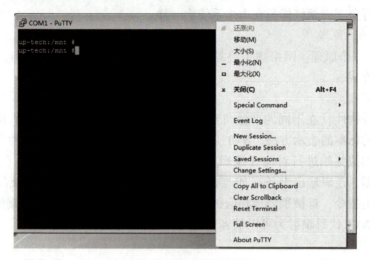

图 1-54 属性菜单选项

（2）打开属性设置

鼠标右击弹出快捷菜单，选择菜单"Change settings…"命令，如图 1-54 所示，弹出"PuTTY Reconfiguration"对话框，如图 1-55 所示。

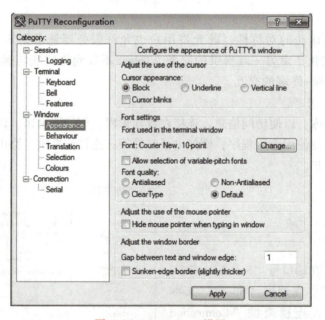

图 1-55 Appearance 设置

说明：光标处可输入嵌入式 Linux 相关系统命令，与其他 Linux 系统一样，UP-CUP2440 目标板中核心板运行的基于 ARM9 的 Linux 系统仍可使用前面实验中的常用基础命令。命令窗口的默认字体较小，且背景色为黑色不方便辨识，可进行修改。如果不修改背景色和字体可不进行以下操作。

（3）改变字体

单击"Category"列表框中"Window"选项下的"Appearance"选项，如图1-55所示，单击右边"Change…"按钮弹出"字体"对话框，分别在"字体""字形"及"大小"列表框中选择合适选项，如图1-56所示。

注意：字体及颜色调整只要让开发者舒适即可，没有统一要求。

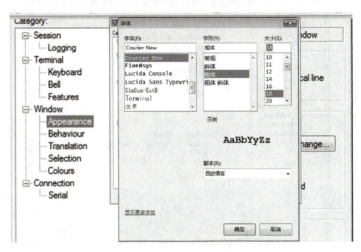

图1-56 字体选择

（4）改变颜色

单击"Category"列表框中"Window"选项下的"Colours"选项，分别在"Default Foreground"和"Default Background"右边的"Red""Green""Blue"文本框中输入合适数值。设置完成后单击"Apply"按钮应用当前设置，如图1-57所示。

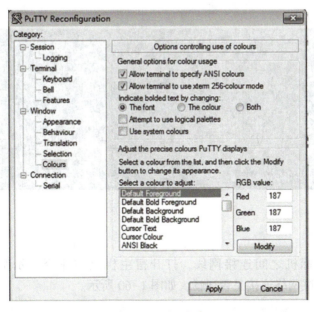

图1-57 设置颜色

注意："Default Foreground"表示默认前景色,"Default Background"表示默认背景色。

(5) 保存设置

单击"Category"列表框中的"Session"选项,可在"Saved Sessions"文本框中输入自定义名称,如"zxh",然后单击右边的"Save"按钮,再单击按钮"Apply"即可。如图 1-58 所示。

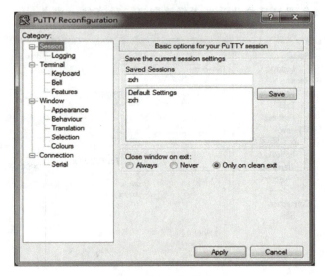

图 1-58　保存设置

2. Telnet 以太网登录监控

(1) 查看目标机 IP

通过 PuTTY 串口终端登录目标板(以 Mini2440 为例),使用 ifconfig 命令查看目标机 IP 地址为 192.168.1.230,如图 1-59 所示。

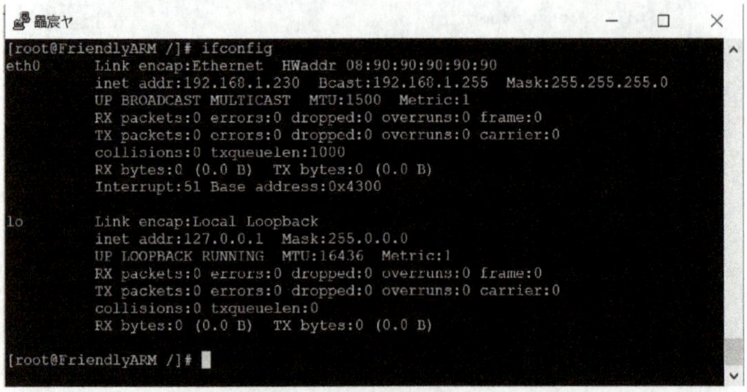

图 1-59　串口终端查看 IP 地址

(2) 测试连通性

在宿主机和目标机之间连接网线,打开宿主机上的命令提示符,使用命令"ping 192.168.1.230"测试网络连接是否通畅,如图 1-60 所示。

图 1-60　测试网络连接

(3) Telnet 登录界面设置

仍然使用 PuTTY 选择 Telnet 单选按钮，在"Host Name"文本框中输入"192.168.1.230"，在"Port"文本框中输入"23"，如图 1-61 所示。然后单击"Open"按钮，弹出"192.168.1.230-PuTTY"命令窗口，如图 1-62 所示。

注意：192.168.1.230 为目标机的 IP 地址，23 为 Telnet 的端口号，该方法可以远程登录开发板，如将目标机与路由器网络连接，然后宿主机可以采用有线或无线方式远程访问。

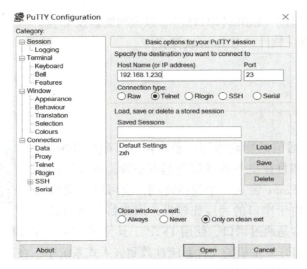

图 1-61　Telnet 客户端

(4) Telnet 登录目标机

输入 Telnet 账户"root"及密码，使用 ls 命令可查看当前根目录下的子文件夹，如图 1-62 所示。

图 1-62　Telnet 登录系统

注意：一般默认出厂设置的目标板没有密码，其命令操作方式及使用效果与用串口进行监控没有区别。

任务 1.6　将可执行文件传输到目标机并执行

任务 1.6　任务实施——嵌入式调试流程实验

1. 任务目的及要求
- 了解 TFTP 协议基础知识。
- 了解 FTP 协议基础知识。
- 掌握 TFTP 传输文件到目标机。
- 掌握 FTP 传输文件到目标机。
- 掌握 U 盘复制数据文件到目标机。

2. 任务设备
- 硬件：PC、串口线（USB 转串口线）、以太网线以及 U 盘。
- 软件：VirtualBox 软件和 Ubuntu 映像文件。

1.6.1　宿主机-目标机概述

宿主机和目标机通信的物理通道一般有两种：串口和网口。其中串口是开发主机和目标机系统通信的基本手段，可以通过串口为目标机系统中的 Linux 建立一个控制终端，也可以完成内核和应用程序的下载。由于串口的速度比较慢，因此目前常用的内

1.6.1　宿主机–目标机实验

核和应用程序下载通常是通过网口，使用 TFTP 工具完成。在开发过程中，可以采用网络文件系统服务器 NFS，将开发主机的文件系统挂载到嵌入式系统中，在嵌入式系统控制终端上直接执行开发主机上的可执行程序。

1.6.2　以太网接口

以太网（Ethernet）是应用广泛的局域网通信方式，同时也是一种协议。以太网协议定义了一系列软件和硬件标准，从而将不同的计算机设备连接在一起。以太网设备组网的基本元素有交换机、路由器、集线器、光纤和普通网线以及以太网协议和通信规则。以太网中网络数据链接的端口就是以太网接口。

最常见的网络设备接口，俗称"水晶头"，专业术语为 RJ-45 连接器，属于双绞线以太网接口类型。RJ-45 插头只能沿固定方向插入，设有一个塑料弹片与 RJ-45 插槽卡住以防止脱落。这种接口在 10Base-T 以太网、100Base-TX 以太网、1000Base-TX 以太网中都可以使用，传输介质都是双绞线，不过根据带宽的不同对介质也有不同的要求，特别是 1000Base-TX 千兆以太网连接时，至少要使用超五类线，要保证稳定高速的话还要使用六类线。

1.6.3 TFTP 简介

简单文件传输协议（Trivial File Transfer Protocol，TFTP）是 TCP/IP 协议族中的一个用来在客户机与服务器之间进行简单文件传输的协议，提供不复杂、开销不大的文件传输服务。端口号为 69。它的设计目的是传输小文件，只能从文件服务器上获得或写入文件，不能列出目录，不进行认证。

1.6.4 FTP 简介

文件传输协议（File Transfer Protocol，FTP）是用于在网络上进行文件传输的一套标准协议，它工作在 OSI 模型的第七层、TCP 模型的第四层，即应用层，使用 TCP 传输而不是 UDP，客户在和服务器建立连接前要经过一个"三次握手"的过程，保证客户机与服务器之间的连接是可靠的，而且是面向连接，为数据传输提供可靠保证。

FTP 允许用户以文件操作的方式（如文件的增、删、查、传送等）与另一主机相互通信。然而，用户并不真正登录到自己想要存取的计算机上面而成为完全用户，可用 FTP 程序访问远程资源，实现用户往返传输文件、目录管理以及访问电子邮件等，即使双方计算机可能配有不同的操作系统和文件存储方式。

任务实施

1. 配置共享文件夹

（1）打开系统属性设置

选中系统图标"ubuntu_zxh"并右击，选择快捷菜单的"设置"命令，如图 1-63 所示。弹出"ubuntu_zxh-设置"对话框，如图 1-64 所示。

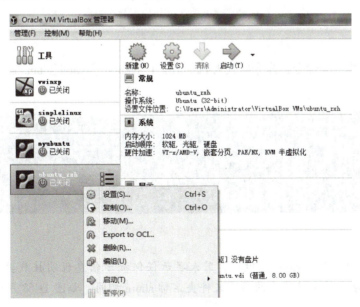

图 1-63　打开系统设置

（2）设置共享文件夹路径

选择"ubuntu_zxh-设置"对话框左边列表框的"共享文件夹"选项，并单击右边"+"号按钮，弹出"添加共享文件夹"对话框，在"共享文件夹路径"下拉列表框中选择共享文件夹具体路径，在"共享文件夹名称"文本框输入"share"，单击"OK"按钮，如图 1-64 所示。

注意："共享文件夹路径"一般为宿主机 Windows 系统上已创建好的文件夹。"共享文件夹名称"可以自拟。

图 1-64　设置共享文件夹路径

（3）进入系统并切换到超级用户

启动 Ubuntu_zxh 系统，进入终端通过命令 su 切换到超级用户，超级用户密码为 123456，如图 1-65 所示。

图 1-65　进入系统并切换到超级用户

（4）挂载共享文件夹到指定目录

输入挂载共享目录命令，命令格式为 mount□-t□vboxsf□share□/mnt/shared/，如图 1-66 所示。

图 1-66　挂载共享文件夹

注意：输入命令按〈Enter〉键后，若未显示任何提示信息说明挂载共享目录成功。命令中 share 与共享文件夹设置中的共享文件夹名称 share 相同，如图 1-67 所示。

2. TFTP 传输可执行文件或数据文件

（1）查看宿主机 IP 地址

打开宿主机 Windows 系统的"cmd"命令窗口，输入命令 ipconfig 并按〈Enter〉键，便

图 1-67　共享文件夹名称

可显示宿主机的 IP 地址，如此计算机 IP 地址为"10.32.199.180"，如图 1-68 所示。

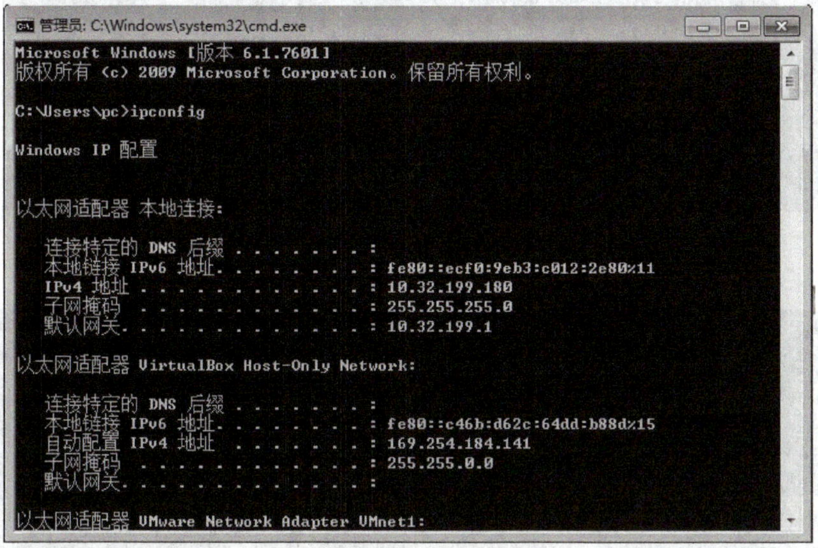

图 1-68　宿主机 IP 地址

（2）查看目标机 IP 地址

将计算机与 UP-CUP2440 实验箱用串口线连接，打开 PuTTY 软件，使用命令"ifconfig"可查看目标机 IP 地址，如图 1-69 所示。

说明：使用命令"ifconfig eth0 IP 地址"可设置目标机 IP 地址，如 ifconfig eth0 10.32.199.100 可将目标机 IP 地址设置为"10.32.199.100"。注意计算机与目标机实现网络通信，IP 地址必须在一个网段且不相同即可，当计算机 IP 地址为 10.32.199.180，目标机 IP 地址设置为 10.32.199.＊，如 10.32.199.100。

（3）测试宿主机到目标机连通性

目标机 IP 地址设置完成后，测试计算机到 UP-CUP2440 实验箱的通信，在"cmd"命令窗口中输入命令 ping 10.32.199.100，若出现如图 1-70 所示信息，表明计算机到实验箱网络通信成功。

（4）测试目标机到宿主机连通性

测试目标机到计算机的通信，在"COM1-PuTTY"命令窗口中运行命令"ping 10.32.199.180"，若出现如图 1-71 所示信息，表明目标机到计算机的网络通信成功。

说明：若计算机到目标机能通信，而目标机到计算机无法通信，需关闭 Windows 防火墙再测试。

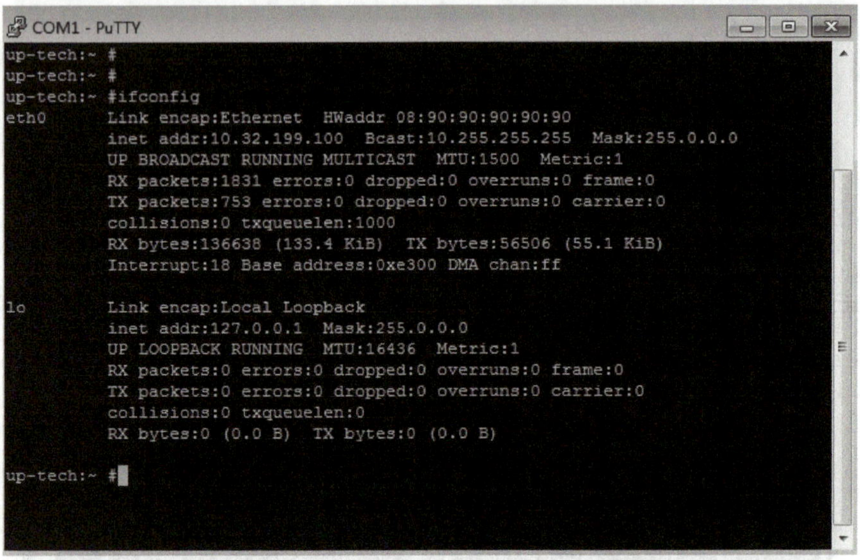

图 1-69 目标机 IP 地址

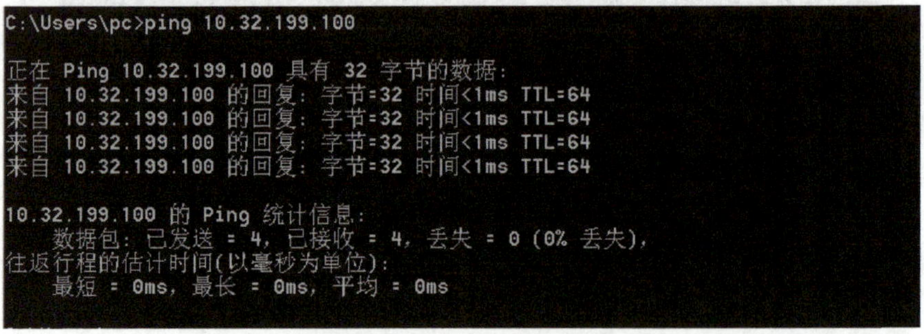

图 1-70 宿主机 Ping 目标机

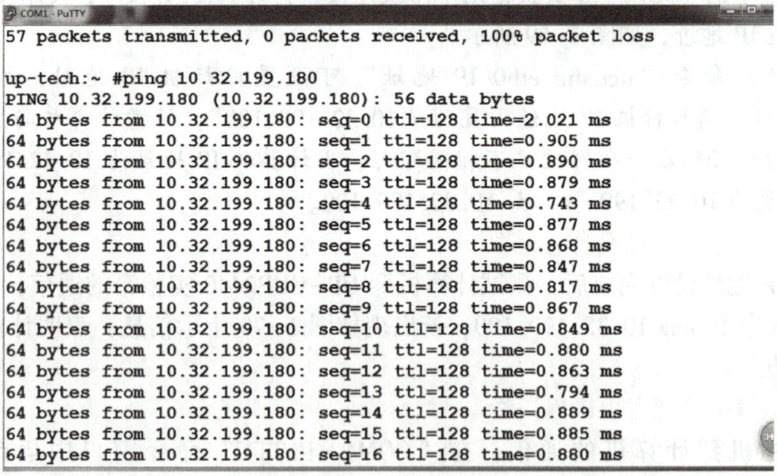

图 1-71 目标机 Ping 宿主机

（5）打开 TFTP 客户端软件

打开 TFTP 软件，在"Current Directory"下拉列表框中选择需要传输文件所在的目录，在"Server interface"文本框中输入"10.32.199.180"，如图 1-72 所示。

注意："Server interface"意为服务器接口地址，"10.32.199.180"为宿主机的 IP 地址，不要填错。

（6）宿主机与目标机之间传输文件

宿主机向目标机传文件，文件所在路径与"Current Directory"所示路径相同。

命令格式：tftp□-g□-r□文件名□10.32.199.180

目标机向宿主机传文件，文件所在路径为 UP-CUP2440 实验箱 Linux 系统的当前路径。

命令格式：tftp□-p□-r□文件名□10.32.199.180

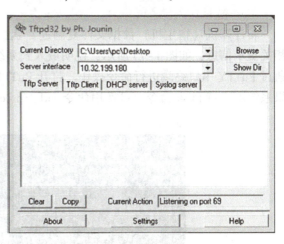

图 1-72　设置 TFTP 文件路径和接口 IP 地址

注意文件名包含扩展名，IP 地址为计算机 IP 地址。

3. FTP 传输可执行文件或数据文件

宿主机无论使用桌面 Linux 系统还是 Windows 等系统，一般安装后都自带一个命令行的 FTP 命令程序，如图 1-73 所示，打开"cmd"终端，使用 FTP 可以登录远程目标机并传递文件，这需要主机提供 FTP 服务和相应的权限；以 Mini2440 目标机为例，嵌入式 Linux 系统中不仅带有 FTP 命令，还在开机时启动了 FTP 服务。使用命令"ftp□192.168.1.230"登录目标板，账号及密码均为：plg，使用命令"bin"切换到二进制模式，再执行命令 put test.txt 上传本地目录下的文本文件 test.txt。传送完成后可在串口终端看到目标板的"/home/plg"目录下多了一个 test.txt 文件，如图 1-74 所示。

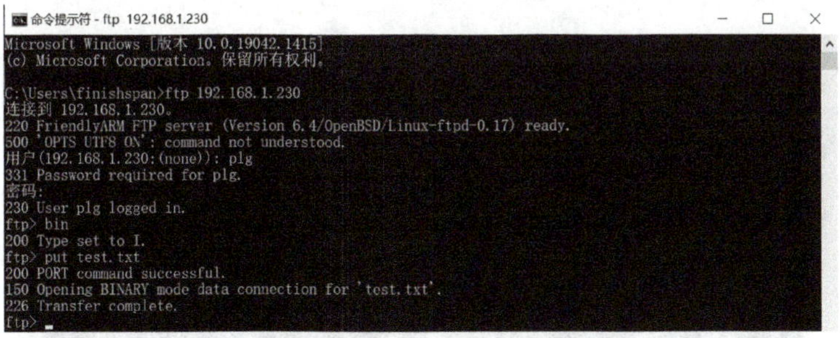

图 1-73　FTP 传输文件

图 1-74　查看文件传输成功

4. 用 U 盘复制可执行文件或数据文件

当网络异常不方便在宿主机-目标机之间传递数据文件也可以采用 U 盘直接复制，具体操作如下。

（1）查看 U 盘设备号信息

将计算机（宿主机）数据文件复制进 U 盘，然后插入目标机 USB 接口，可见 USB 连接相关提示信息，如图 1-75 所示，说明嵌入式系统已识别到 USB 接口。然后连接目标机串口通过 PuTTY 串口终端进行命令操作。打开 PuTTY，输入命令 fdisk□-l，查看盘符目录。如果系统不支持 fdisk 命令，可换用命令 cat□/proc/partition 查看，终端显示 U 盘盘符为 sda1。

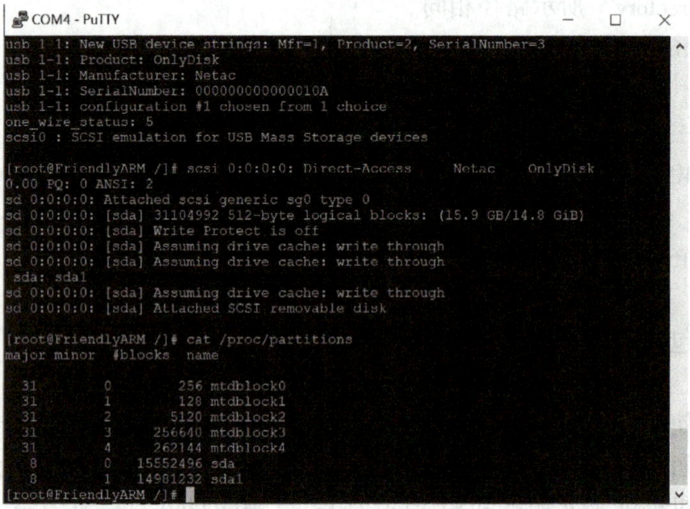

图 1-75 查看 U 盘设备号

（2）将 U 盘挂载到指定文件夹

使用命令 mount□/dev/sda1□/mnt 挂载 U 盘，如图 1-76 所示。使用命令 cd□/mnt 及 ls□-l 进入目录/mnt，可查看到 U 盘中数据文件并实现相关复制工作。

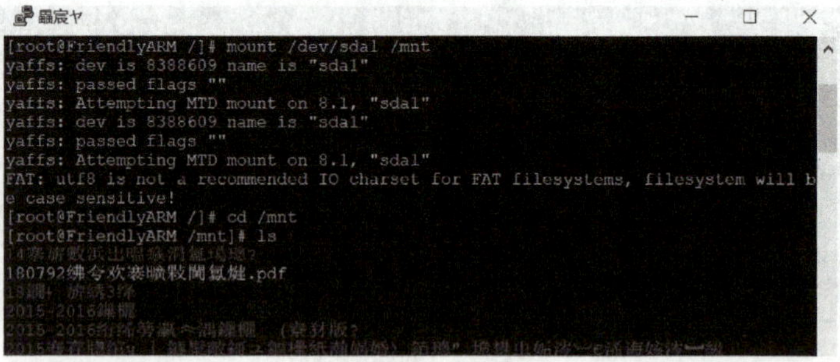

图 1-76 挂载 U 盘

拓展阅读　国产物联网嵌入式操作系统

国产主流物联网嵌入式操作系统正打通从服务器、桌面、移动端、物联网的产业生态，如鸿蒙物联网操作系统、OneOS、RT-Thread、TencentOS Tiny、ReWorks Cert 轻量级物联网操作系统以及在可穿戴产品上具有广泛应用的 LiteOS 等，这些国产主流的物联网嵌入式操作系统，通过软硬件结合为用户提供更好的体验，如采用基于微内核技术实现高安全性、高可靠、高扩展性、高可维护性和分布式计算，使用高效的编译器提升代码的运行效率等。

项目小结

在第一个项目的学习过程中，主要学习了以下内容。
1）掌握用虚拟机创建 Tiny Linux 及 Ubuntu 系统的流程。
2）了解嵌入式发展流程。
3）了解嵌入式系统的定义和特点。
4）了解嵌入式硬件基本知识。
5）熟悉嵌入式软件及开发环境的搭建。
6）掌握嵌入式 Linux 系统命令的操作。
7）熟悉嵌入式 Linux 磁盘管理、文件操作及账户管理操作相关命令知识。
8）熟悉 GCC 编译器及 GDB 调试器相关知识。
9）掌握通过编写 Makefile 文件编译调试 C 程序的方法。
10）掌握通过串口及 Telnet 登录监控目标板的方法。
11）掌握通过 TFTP、FTP 及 U 盘向目标机上传数据文件的方法。

习题与练习

一、多选题

1. 嵌入式系统包括（   ）特点。
A. 嵌入式系统通常是面向特定应用的
B. 大多数嵌入式系统都有实时性要求
C. 功耗、成本和可靠性对嵌入式系统具有重要意义
D. 嵌入式系统工业是不可垄断的高度分散的工业，充满了竞争、机遇与创新
2. 嵌入式处理器可以分成下面几类（   ）。
A. 实时多任务
B. 具有功能很强的存储区保护功能
C. 可扩展的处理器结构
D. 嵌入式微处理器必须功耗很低
3. 嵌入式软件开发环境包括（   ）。
A. GNU 工具链   B. WindRiver Tornado
C. Microsoft Embedded Visual C++   D. Word
4. 常用的嵌入式操作系统有（   ）。
A. Windows CE   B. VxWorks   C. pSOS   D. 嵌入式 Linux

5. 登录用户名为 xiaoming 的 Linux 系统默认进入的目录是（　　）。
   A. /root/xiaoming　　B. /etc/xiaoming　　C. /boot/xiaoming　　D. /home/xiaoming
6. 切换到超级用户的命令为（　　）。
   A. root　　　　　　B. su　　　　　　　C. ls　　　　　　　　D. cd
7. 关机的命令为（　　）。
   A. logout　　　　　B. halt　　　　　　C. shut down　　　　D. sudo
8. 重启的命令为（　　）。
   A. find　　　　　　B. df　　　　　　　C. vi　　　　　　　　D. reboot
9. 查看当前目录的命令为（　　）。
   A. who　　　　　　B. ll　　　　　　　C. pwd　　　　　　　D. passwd
10. 更改文件和目录所有者的命令为（　　）。
    A. mkdir　　　　　B. chown　　　　　C. rm　　　　　　　　D. mv

二、简答题
1. 简述物联网与嵌入式的关系，写出嵌入式系统的定义。
2. 简述嵌入式的基本调试流程。

项目 2　智能家居——嵌入式室内控制与监控设置

本项目是物联网嵌入式技术典型的应用场景——智能家居，通过选用智能家居中常见的直流电动机应用、数码管及 LED 点阵输出、矩阵键盘输入及室内嵌入式监控等任务设计，掌握嵌入式驱动程序的设计、嵌入式源码编写及编译链接等主要步骤和相关拓展知识。

本项目所有任务均基于 ARM9 S3C2440 处理器，任务 2.1～任务 2.3 采用博创 UP-CUP2440 作为嵌入式目标板，任务 2.4 采用 Mini2440 作为嵌入式目标板，以 VirtualBox 虚拟机搭建的 Ubuntu 桌面系统构建软件开发环境，以串口、以太网及 USB 接口作为基本硬件调试接口。

素养目标
- 培养学生的产品设计与开发能力
- 培养学生的团队协作能力

任务 2.1　智能家居产品中的直流电动机

任务 2.1　智能家居产品中的直流电动机

 任务描述

1. 任务目的及要求
- 了解 PWM 控制直流电动机的基本原理。
- 熟悉 PWM 嵌入式 Linux 驱动模块设计。
- 熟悉 PWM 控制直流电动机嵌入式系统设计方法。
- 掌握嵌入式编程实现 PWM 控制直流电动机。

2. 任务设备
- 硬件：PC、UP-CUP2440 硬件平台、串口线、以太网线。
- 软件：VirtualBox 软件、Ubuntu 映像、PuTTY 软件、TFTP 客户端软件。

 相关知识

2.1.1　直流电动机应用场景及 PWM 控制原理

1. 直流电动机应用场景

（1）厨房电器

随着人们物质生活日益丰富，生活水平逐渐提高，家里厨房中的电器设备越来越多，如搅拌机、榨汁机、咖啡机、奶茶机、电动刀、打蛋器、电饭煲、食品加工机、谷物研磨机、直立式搅拌机、碎肉机、电动切割刀等，这些种类繁多的小型厨房电器一般都具有搅拌、研磨、切割等功能，所以具有良好启动特性、调速特性，且扭矩较大的小型化直流电动机就成

为了这些厨房电器的动力来源。

(2) 智能家居

随着信息化时代的到来，家居智能化逐渐成为潮流。在智能家居中，循环风扇、增湿器、抽湿器、空气清新器、冷/暖风机、皂液器、烘手机、智能门锁、电动门（窗、窗帘）等也会大量使用性能更加优良的无刷直流电动机。

(3) 地板护理

家居清洁最重要的就是对地板的清洁和保养，如今各种类型的地板护理电动产品也越来越多，如地毯清洁机、电动吸尘器、手持式吸尘器、地板打磨机等，它们也大量应用无刷直流电动机技术。

(4) 白色家电

白色家电一般指替代人们家务劳动的产品，如空调、电冰箱、空气净化机、微波炉、散热扇、吸油烟机、洗碗机、洗衣机、热水泵等电器设备，这些设备大量应用了无刷直流电动机技术。

2. PWM 控制直流电动机原理

脉冲宽度调制（PWM）就是对逆变电路开关器件的通断进行控制，使输出端得到一系列幅值相等但宽度不一致的脉冲，用这些脉冲来代替正弦波或所需要的波形。也就是在输出波形的半个周期中产生多个脉冲，使各脉冲的等值电压为正弦波形，所获得的输出平滑且低次谐波少。按一定的规则对各脉冲的宽度进行调制，既可改变逆变电路输出电压，也可改变输出频率。

例如改变调制晶体管的开与关的时间来改变加在负载上的平均电压值，以实现对电动机的变速控制。PWM 变速控制中，系统采用直流电源，放大器的频率是固定的，变速控制通过调节脉宽来实现。

2.1.2 PWM 嵌入式 Linux 驱动模块设计

1. 原理图分析

如图 2-1 所示，S3C2440 处理器的输出引脚 TOUT0/GPB0 和 TOUT1/GPB1 可配置为两路 PWM 信号输出，然后输入到如图 2-2 所示的直流电动机驱动电路的输入端。该驱动电路的作用是功率放大，电路中元器件包括反相器 74HC04、二极管 4148、IN4001 及晶体管 BC807。

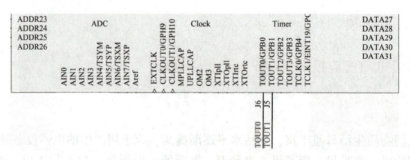

图 2-1　S3C2440 处理器 PWM 信号输出

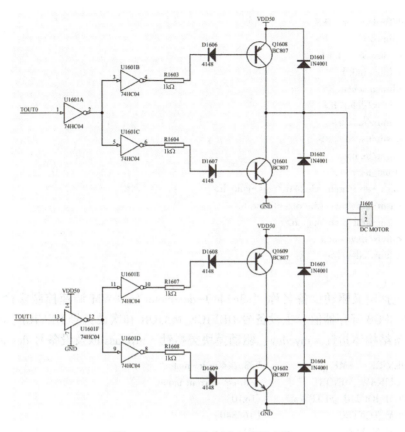

图 2-2 PWM 驱动直流电动机电路

其原理简单叙述如下:功率电路主要由四个功率晶体管和四个续流二极管组成。四个功率晶体管分为两组,Q1608 与 Q1602 为一组,Q1609 与 Q1601 为一组,同一组晶体管同时导通。当 TOUT0>0 时 Q1608 截止,Q1601 导通;TOUT0 = 0,Q1608 导通,Q1601 截止。当 TOUT1>0 时,Q1609 截止,Q1602 导通;TOUT1 = 0,Q1609 导通,Q1602 截止。因此当 TOUT0>0,TOUT1 = 0,电流通过 Q1609 经过直流电动机,再通过 Q1601 接地;反之当 TOUT0 = 0,TOUT1>0,电流通过 Q1608 经过直流电动机,再通过 Q1602 接地。但当 TOUT0>0,TOUT1 = 0 运行一段时间后再转换为 TOUT0 = 0,TOUT1>0,由于电枢电感储藏有能量,将维持电流在原来的方向上流动,即通过续流二极管 D1604,D1601 继续流动,储藏的能量呈下降趋势,受二极管正向压降的限制,Q1608 与 Q1602 不能导通。

2. 驱动模块程序分析

(1) 驱动程序包含的头文件

头文件包含系统内核相关驱动头文件 module.h、内核头文件 kernel.h、模块初始化头文件 init.h、任务调度头文件 sched.h、延时头文件 delay.h、内存管理头文件 mm.h、处理器入口头文件 uaccess.h 与 I/O 端口操作头文件。此外,还包含 S3C2440 处理器的 I/O 寄存器头文件 regs-gpio.h、平台相关定时器头文件 regs-timer.h、交叉编译映射头文件 map.h、设备头文件 device.h 以及字符设备驱动头文件。

```c
/* s3c2440-dcmotor.c */
#include <linux/module.h>
#include <linux/kernel.h>
#include <linux/init.h>
#include <linux/sched.h>
#include <linux/delay.h>
#include <linux/mm.h>
#include <asm/uaccess.h>
#include <asm/io.h>
/* copy_from_user */
#include <asm-arm/arch-s3c2410/regs-gpio.h>
#include <asm-arm/plat-s3c/regs-timer.h>
#include <asm-arm/arch/map.h>
#include <linux/device.h>
#include <linux/cdev.h>
```

(2) 定义宏及全局变量

宏定义包括定义驱动设备名称"s3c2440-dc-motor"、PWM调速控制宏命令、TCNTB0寄存器值、TCFG0寄存器值、主设备号DEVICE_MAJOR和次设备号DEVICE_MINOR,还有定义字符设备结构体指针 *mycdev、驱动模块类指针 *myclass以及设备号devno。

```c
#define DEVICE_NAME            "s3c2440-dc-motor"
#define DCMRAW_MINOR1          //direct current motor
#define DCM_IOCTRL_SETPWM      (0x10)
#define DCM_TCNTB0             (163840)
#define DCM_TCFG0              (2)
#define DEVICE_MAJOR 252
#define DEVICE_MINOR  0
struct cdev  *mycdev;
struct class *myclass;
dev_t devno;
```

(3) 宏定义方式使能/禁用地址寄存器

tout01_enable()配置I/O口为定时器工作方式,tout01_disable()表示禁用,dcm_stop_timer()表示定时器停止工作。

```c
#define tout01_enable() \
({    writel((readl(S3C2410_GPBCON)&(~0xf)),S3C2410_GPBCON);        \
      writel((readl(S3C2410_GPBCON)|0xa/*0x6*/),S3C2410_GPBCON); })
#define tout01_disable() \
({    writel(readl(S3C2410_GPBCON) &(~0xf),S3C2410_GPBCON);         \
      writel(readl(S3C2410_GPBCON) | 0x5,S3C2410_GPBCON);           \
      writel(readl(S3C2410_GPBUP) &~0x3,S3C2410_GPBUP);     })
#define dcm_stop_timer()   ({ writel(readl(S3C2410_TCON) &( ~0x1),S3C2410_TCON);})
```

(4) 初始化定时器函数

依次设置定时器配置寄存器TCFG0和TCFG1、计数缓冲器TCNTB0、比较缓冲器TCMPB0、控制寄存器TCON。

```c
static void dcm_start_timer()
```

```
{
writel(readl(S3C2410_TCFG0) & ~(0x00ff0000),S3C2410_TCFG0);
writel(readl(S3C2410_TCFG0) | (DCM_TCFG0),S3C2410_TCFG0);
writel(readl(S3C2410_TCFG1) & ~(0xf),S3C2410_TCFG1);
//TCFG1 |= 0x3300;
writel(DCM_TCNTB0,S3C2410_TCNTB(0));
writel(DCM_TCNTB0/2,S3C2410_TCMPB(0));
writel(readl(S3C2410_TCON) &~(0xf),S3C2410_TCON);
writel(readl(S3C2410_TCON) |(0x2),S3C2410_TCON);
writel(readl(S3C2410_TCON) &~(0xf),S3C2410_TCON);
writel(readl(S3C2410_TCON) |(0x19),S3C2410_TCON);
}
```

(5) 打开设备文件

依次调用使能定时器函数和初始化定时器函数。

```
static int s3c2440_dcm_open(struct inode * inode, struct file * filp)
{
printk("S3c2440 DC Motor device open now!\n");
tout01_enable();
dcm_start_timer();
return 0;
}
```

(6) 释放设备文件

依次调用禁用定时器函数和停止定时器函数。

```
static int s3c2440_dcm_release(struct inode * inode, struct file * filp)
{
printk("S3c2440 DC Motor device release!\n");
tout01_disable();
dcm_stop_timer();
return 0;
}
```

(7) 定义设备文件相关 ioctl 操作函数

通过配置比较缓冲区寄存器 TCMPB0 实现对 PWM 波形的占空比调节，从而进行直流电动机的调速操作。

```
static int dcm_setpwm(int v)
{
return (writel((DCM_TCNTB0/2 + v),S3C2410_TCMPB(0/*2*/)));
}
static int s3c2440_dcm_ioctl (struct inode * inode, struct file * filp, unsigned int cmd, unsigned long arg)
{
switch(cmd) {
/******* write da 0 with (*arg) **********/
case DCM_IOCTRL_SETPWM:
    return dcm_setpwm((int)arg);
}
return 0;
}
```

(8) 定义字符设备驱动接口函数

应用程序可通过 open、ioctl、release 等接口函数直接调用对应的驱动层函数 s3c2440_dcm_open、s3c2440_dcm_ioctl、s3c2440_dcm_release。

```
static struct file_operations s3c2440_dcm_fops = {
    owner:      THIS_MODULE,
    open:       s3c2440_dcm_open,
    ioctl:      s3c2440_dcm_ioctl,
    release:    s3c2440_dcm_release,
};
```

(9) 定义设备驱动模块初始化及注销函数

字符设备驱动的初始化包括分配字符设备号、分配内存、初始化字符设备、注册字符设备、为驱动模块创建类、创建类下的设备等步骤。注销函数包含字符设备结构体注销、设备注销、类注销等。最后加上模块许可证声明 MODULE_LICENSE("GPL"),表明遵循 GPL 协议。

```
int __init s3c2440_dcm_init(void)
{
    int err;
    unsigned ret;
    devno = MKDEV(DEVICE_MAJOR, DEVICE_MINOR);
    mycdev = cdev_alloc();
    cdev_init(mycdev, &s3c2440_dcm_fops);
    err = cdev_add(mycdev, devno, 1);
    if (err != 0)
    printk("s3c2440 motor device register failed!\n");
    myclass = class_create(THIS_MODULE, "s3c2440-dc-motor");
    if(IS_ERR(myclass)) {
        printk("Err: failed in creating class.\n");
        return -1;
    }
    class_device_create(myclass, NULL, MKDEV(DEVICE_MAJOR,DEVICE_MINOR), NULL, DEVICE_NAME"%d",DEVICE_MINOR);
    printk (DEVICE_NAME" \tdevice initialized\n");
    return 0;
}
module_init(s3c2440_dcm_init);
void __exit s3c2440_dcm_exit(void)
{
    cdev_del(mycdev);
    class_device_destroy(myclass,devno);
    class_destroy(myclass);
}
module_exit(s3c2440_dcm_exit);
MODULE_LICENSE("GPL");
```

2.1.3 系统控制设计及嵌入式系统设计

PWM 驱动直流电动机嵌入式设计硬件连接如图 2-3 所示,UP-CUP2440 目标板的串口和网口与宿主机连接,目标板上 S3C2440 核心板的 PWM 信号连接电动机驱动电路,再驱动直流电动机。

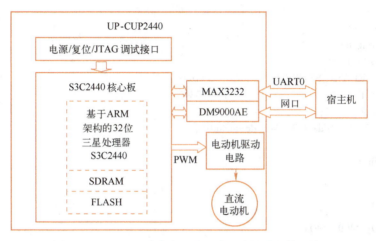

图 2-3 PWM 驱动直流电动机嵌入式设计硬件连接

 **任务实施**

嵌入式系统控制直流电动机一般是通过应用程序调用对应驱动程序的相关接口函数实现的,因此实现步骤分为:①驱动模块的内核配置加载;②应用程序的交叉编译,链接生成可执行程序;③通过 TFTP 方式传输到目标机上运行。

1. 编译生成直流 PWM 驱动

在 Ubuntu 终端进入 Linux 内核源码目录 linux-2.6.24.4(注意驱动源程序 s3c2440-dcmotor.c 在目录 drivers/char/里),输入命令 make□menuconfig,即出现内核配置界面,如图 2-4 所示,选择菜单 "Device Drivers→character device→S3C2440 DCMotor driver" 命令,并

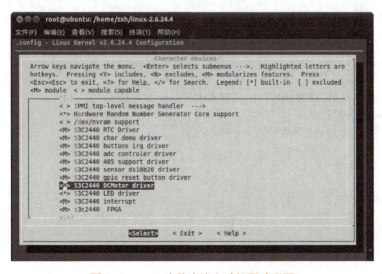

图 2-4 Linux 内核直流电动机驱动配置

输入"M"将其设置为驱动模块。保存并退出该界面到终端命令行,输入命令 make,重新编译,即可生成驱动文件 s3c2440-dc-motor.ko。

2. 软件设计

应用层软件设计代码如下。

```c
/* dcm_main.c */
#include <stdio.h>
#include <fcntl.h>
#include <string.h>
#include <sys/ioctl.h>
#define DCM_IOCTRL_SETPWM        (0x10)
#define DCM_TCNTB0               (16384)
static int dcm_fd = -1;
char * DCM_DEV = "/dev/s3c2440-dc-motor0";

void Delay(int t)
{
int i;
for(;t>0;t--)
    for(i=0;i<400;i++);
}

int main(intargc, char ** argv)
{
int i = 0;
int status = 1;
int setpwm = 0;
int factor = DCM_TCNTB0/1024;
if((dcm_fd=open(DCM_DEV, O_WRONLY))<0){
    printf("Error opening %s device\n", DCM_DEV);
    return 1;
}
for(;;) {
    for(i=-512; i<=512; i++) {
        if(status == 1)
            setpwm = i;
        else
            setpwm = -i;
        ioctl(dcm_fd, DCM_IOCTRL_SETPWM, (setpwm * factor));
        Delay(500);
        printf("setpwm = %d \n", setpwm);
    }
    status = -status;
}
close(dcm_fd);
return 0;
}
```

3. 编译链接生成可执行文件

编辑 Makefile 文件，指定编译器为 CC＝arm－linux－gcc，生成执行文件 TARGET＝dcm_main，如图 2-5 所示。

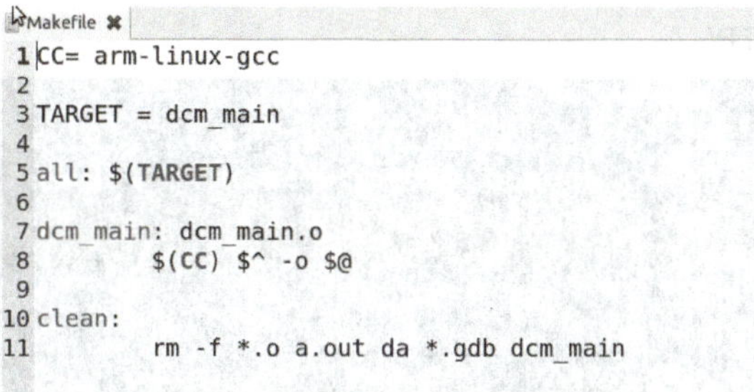

```
Makefile
1 CC= arm-linux-gcc
2
3 TARGET = dcm_main
4
5 all: $(TARGET)
6
7 dcm_main: dcm_main.o
8         $(CC) $^ -o $@
9
10 clean:
11        rm -f *.o a.out da *.gdb dcm_main
```

图 2-5　编辑 Makefile 文件

注意：〈Tab〉键位置。

```
CC= arm-linux-gcc
TARGET = dcm_main
all: $(TARGET)
dcm_main: dcm_main.o
[TAB]$(CC) $^ -o $@
clean:
[TAB]rm -f *.o a.out da *.gdb dcm_main
```

将编辑好的 C 源程序 dcm_main.c 与 Makefile 文件放在同一个文件夹中，然后打开 Ubuntu 系统终端，进入该目录，使用命令 ll 可查看目录内所有文件信息，再使用命令 make 进行编译，链接生成执行文件 dcm_main，如图 2-6 所示。

图 2-6　编译、链接，生成执行文件

4. 任务结果及数据

将执行文件 dcm_main 及驱动文件 s3c2440-dc-motor.ko 通过 TFTP 方式发送到目标机，输入命令 insmod□s3c2440-dc-motor.ko 加载驱动，若打印出"s3c2440-dc-motor device initialized"表示驱动加载成功,输入命令 chmod□777□dcm_main 将执行文件属性改为可执行,并输入命令./dcm_main 运行程序,如图 2-7 所示。可在目标机上观察直流电动机旋转并同时连续打印 setpwm 的数值。绝对值越大表示旋转越快,极性符号表示旋转的方向不同。

图 2-7 目标机上运行执行文件

任务 2.2 数码管与 LED 点阵显示

任务 2.2 数码管与 LED 点阵显示

任务描述

1. 任务目的及要求

- 了解数码管及 LED 点阵显示的基本原理。
- 熟悉数码管及 LED 点阵 Linux 驱动模块设计。
- 熟悉数码管及 LED 点阵嵌入式系统设计方法。
- 掌握嵌入式编程实现数码管及 LED 点阵显示。

2. 任务设备

- 硬件:PC、UP-CUP2440 硬件平台、串口线、以太网线。
- 软件:VirtualBox 软件、Ubuntu 映像、PuTTY 软件、TFTP 客户端软件。

相关知识

2.2.1 数码管及 LED 点阵原理

发光二极管(Light Emitting Diode,LED)利用电子与空穴复合释放能量发光。LED 的发光颜色主要有红、绿、蓝三种。LED 工作电压低,亮度能用电压(或电流)调节,本身又耐冲击、抗振动、寿命长,在大型的显示设备中具有极大优势。

常见的显示屏有伪彩色屏和全彩屏,伪彩色屏将红色和绿色的 LED 放在一起作为一个像素,全彩屏把红、绿、蓝三种 LED 管放在一起作为一个像素。LED 显示屏如果要显示图像,则需要构成像素的每个 LED 的发光亮度都必须能调节,其调节的精细程度就是显示屏的灰度等级。灰度等级越高，显示的图像就越细腻。在计算机技术控制下使三种颜色具有256级灰度并任意混合，形成不同光色的组合，可实现丰富多彩的动态变化效果及各种图像。

此外，LED 已广泛用于照明。LED 工作电压低，在相同照明效果下比传统光源节能80%以上，寿命长达 6 万～10 万小时，是传统光源的 10 倍以上。且 LED 光谱中没有紫外线和红外线，没有光污染，环保效益更佳。

2.2.2 数码管及 LED 点阵 Linux 驱动模块设计

1. LED 点阵数码管电路

如图 2-8 所示为 LED 点阵数码管电路。两个 7 段数码管和一块 8×8 点阵 LED 模块均由 CPLD 控制。CPLD 内部定义了两个 8 位并行锁存器，连接到系统扩展总线上，并为其分配了访问地址，以静态方式驱动两个数码管。

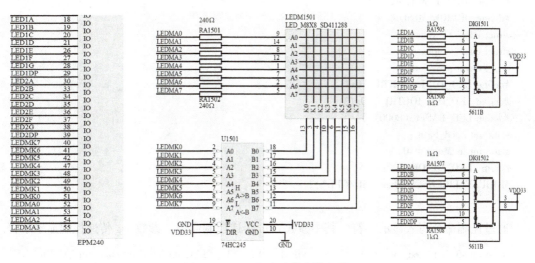

图 2-8 LED 点阵及数码管电路

点阵 LED 驱动器逻辑中设置了 8 字节的缓冲区，每字节按位对应点阵 LED 模块上的一列 8 个点。驱动器中的扫描电路会将缓冲区的内容不断输出到 LED 模块，CPU 可以读写此缓冲区，从而可以更新显示内容。

2. 驱动模块程序分析

（1）驱动程序包含的头文件

```
#include <linux/module.h>
#include <linux/kernel.h>
#include <linux/init.h>
#include <asm/io.h>
#include <linux/sched.h>
#include <linux/delay.h>
#include <linux/poll.h>
#include <linux/spinlock.h>
#include <linux/delay.h>
```

```
#include <linux/ioport.h>
#include <asm/hardware.h>
#include <asm/sizes.h>
#include <asm/uaccess.h>
#include <linux/device.h>
#include <linux/cdev.h>
#include <linux/ide.h>
#include <asm/arch/regs-mem.h>
#include <asm/arch/irqs.h>
#include <asm-arm/arch-s3c2410/regs-gpio.h>
```

(2) 宏定义

定义设备名"s3c2440_led"、主设备号和次设备号。

```
#define DEVICE_NAME      "s3c2440_led"
#define DEVICE_MAJOR     251
#define DEVICE_MINOR     0
struct cdev * mycdev;
struct class_simple * myclass;
dev_t devno;
#define LED_TUBE_IOCTRL   0x11
#define LED_DIG_IOCTRL    0x12
#define LED_BASE 0x08000100
static int   led_base;
static int ledMajor = 0;
#define LED_MINOR    1
MODULE_LICENSE("Dual BSD/GPL");
```

(3) 字符设备文件 ioctl 操作函数

通过控制命令写入显示字符,其中参数 cmd 传递控制命令,参数 arg 传递控制显示字符。

```
static int s3c2440_led_ioctl (struct inode * inode, struct file * filp, unsigned int cmd, unsigned int arg)
{
printk("DOT buffer is %x\n" ,arg>>8);
printk("DOT buffer is %x\n" ,arg);
    switch(cmd){
        case LED_DIG_IOCTRL:
            writel (arg >> 8, led_base + 0x10);
            writel (arg >> 8 | arg << 16, led_base + 0x11);
        return readl(led_base + 0x10);

default :
            return printk("your command is not exist");
    }

    return 0;
}
```

(4) 字符设备文件写操作函数

```
static ssize_t s3c2440_led_write(struct file * filp, const char * buf, size_t count, loff_t * f_pos)
```

```
{
    int i;
    unsigned char mdata[16];
    if(copy_from_user(mdata,buf,10)){
        return -EFAULT;
    }
    for(i=0;i<8;i++){
        writel(mdata[i], led_base+i*2+1);
    }
        return 0;
}
```

(5) 打开和释放字符设备文件函数

定义 LED 驱动的打开和释放函数。这里没有实际的具体操作,仅打印相关提示信息。

```
static int s3c2440_led_open(struct inode *inode, struct file *filp)
{
    printk("led device open sucess!\n");
    return 0;
}

static int s3c2440_led_release(struct inode *inode, struct file *filp)
{
    printk("led device release\n");
    return 0;
}
```

(6) 定义 LED 设备驱动接口函数

LED 相关驱动函数接口,上层应用程序可通过 open、ioctl、release 等通用函数直接调用 s3c2440_led_open、s3c2440_led_ioctl、s3c2440_led_release 等驱动层函数。

```
static struct file_operations s3c2440_led_fops = {
    owner:THIS_MODULE,
    open:s3c2440_led_open,
    ioctl:s3c2440_led_ioctl,
    release:s3c2440_led_release,
};
```

(7) 初始化及释放驱动模块

```
int __init s3c2440_led_init(void)
{
    int ret;
    led_base = ioremap(LED_BASE, 0x20);
    writel(readl(S3C2410_BWSCON) & (~(S3C2410_BWSCON_ST1 | S3C2410_BWSCON_WS1 | \
        S3C2410_BWSCON_DW1_8)) | (S3C2410_BWSCON_ST1| S3C2410_BWSCON_WS1 |S3C2410_\
BWSCON_DW1_16),S3C2410_BWSCON);
    writel(( S3C2410_BANKCON_Tacs4 | S3C2410_BANKCON_Tcos4 | S3C2410_BANKCON_Tacc14 | \
        S3C2410_BANKCON_Tcoh4 | S3C2410_BANKCON_Tcah4 | S3C2410_BANKCON_Tacp6 |
S3C2410_BANKCON_PMC8),S3C2410_BANKCON1);
    writel(readl(S3C2410_GPACON)|(0x1<<12),S3C2410_GPACON);
```

```
        int err;
devno = MKDEV(DEVICE_MAJOR, DEVICE_MINOR);
        mycdev = cdev_alloc();
        cdev_init(mycdev, &s3c2440_led_fops);
        err = cdev_add(mycdev, devno, 1);
        if (err != 0)
            printk("s3c2440 motor device register failed!\n");
        myclass = class_create(THIS_MODULE, "s3c2440-led");
        if(IS_ERR(myclass)) {
    printk("Err: failed in creating class.\n");
        return -1;
}
        class_device_create(myclass,NULL, MKDEV(DEVICE_MAJOR,DEVICE_MINOR), NULL, DEVICE_NAME"%d",DEVICE_MINOR);
    printk (DEVICE_NAME" \tdevice initialized\n");
    return 0;
}
void __exit s3c2440_led_exit(void)
{
        cdev_del(mycdev);
        class_device_destroy(myclass,devno);
        class_destroy(myclass);
}
module_init(s3c2440_led_init);
module_exit(s3c2440_led_exit);
```

2.2.3 数码管及 LED 点阵显示的嵌入式系统设计

数码管 LED 点阵嵌入式系统设计如图 2-9 所示。UP-CUP2440 目标板的串口和网口与宿主机连接,目标板上 S3C2440 核心板与 CPLD 连接通信,再通过 CPLD 驱动数码管 LED 点阵。CPLD 只起信号直连作用,对信号不进行任何处理。

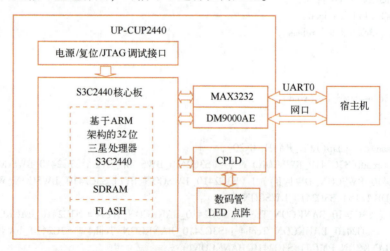

图 2-9 数码管 LED 点阵嵌入式系统设计

 **任务实施**

嵌入式系统控制数码管及 LED 点阵可以通过应用程序调用对应驱动程序的相关接口函数实现，因此实现步骤分为：①驱动模块的内核配置加载；②应用程序的交叉编译，链接生成可执行程序；③通过 TFTP 方式传输到目标机上运行。

1. 编译生成数码管 LED 驱动

在 Ubuntu 终端进入 Linux 内核源码目录 linux-2.6.24.4（注意驱动源程序 s3c2440-led.c 在目录 drivers/char/里），输入命令 make□menuconfig，即出现如图 2-10 所示内核配置界面，选择菜单"Device Drivers→character device→S3C2440 LED driver"命令，并输入"M"将其设置为驱动模块，保存并退出该界面到终端命令行，输入命令 make，重新编译，即可生成驱动文件 s3c2440-led.ko。

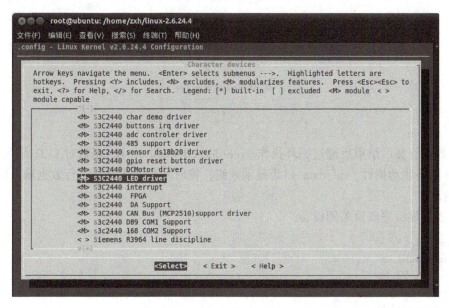

图 2-10　Linux 内核 LED 驱动配置

2. 软件设计

应用层软件设计流程图如图 2-11 所示。

1) 定义会被主函数调用的延时函数 jmdelay（int n），该延时函数通过三重循环实现，只要改变输入参数 n 就可以改变延时时间长短。

2) 在主函数 main()中，定义数码管的真值表数组 LEDCODE[ ]和 LED 点阵的二维显示数组 dd_data[ ][ ]，数组元素可以通过 8×8 LED 点阵图案设置相关软件获取。

3) 以读写方式打开 LED 驱动设备文件"/dev/s3c2440_led0"，如果打开失败，输出打印"####Led device open fail####"，失败原因一般是未成功加载相关驱动程序。

4) 通过 ioctl()函数对数码管写入显示字符，参数 LEDWORD 传递显示值，低字节和高字节分别对应两个数码管，初值设置为 0xff00。接下来在循环函数中通过计算（LEDCODE[i]<<8）|LEDCODE[9-i]改变 LEDWORD 的值，随着变量 i 的累加，数码管真值 LEDCODE [i]对应第一个数码管，依次取值 0~9，LEDCODE[9-i]对应第二个数码管，取值 9~0。

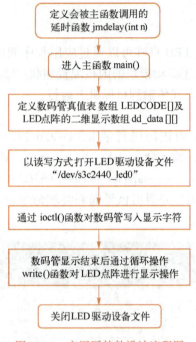

图 2-11 应用层软件设计流程图

5）数码管显示结束后通过循环操作 write(fd, dd_data[i], 10) 函数对 LED 点阵进行显示操作，fd 设备驱动指针，dd_data[i] 为显示数组，按时间顺序依次将每行数据输入到 LED 点阵相关地址。

6）最后显示完成后关闭设备。

```c
/*test_led.c*/
#include <stdio.h>
#include <stdlib.h>
#include <fcntl.h>
#include <unistd.h>
#include <sys/ioctl.h>
#include <sys/mman.h>
#define TUBE_IOCTROL    0x11
#define DOT_IOCTROL     0x12

void jmdelay(int n) {
    int i,j,k;
    for (i=0;i<n;i++)
        for (j=0;j<100;j++)
            for (k=0;k<100;k++);
}

int main() {
    int fd;
    int i,j,k;
```

```c
    unsigned int LEDWORD;
    unsigned int MLEDA[8];
    unsigned char LEDCODE[10]={0xc0,0xf9,0xa4,0xb0,0x99,0x92,0x82,0xf8,0x80,0x90};
    unsigned char dd_data[16][10]={{0xff,0,0,0,0,0,0,0,0,0},
{0,0xff,0,0,0,0,0,0,0,0},
{0,0,0xff,0,0,0,0,0,0,0},
{0,0,0,0xff,0,0,0,0,0,0},
{0,0,0,0,0xff,0,0,0,0,0},
{0,0,0,0,0,0xff,0,0,0,0},
{0,0,0,0,0,0,0xff,0,0,0},
{0,0,0,0,0,0,0,0xff,0,0},
{0x1,0x1,0x1,0x1,0x1,0x1,0x1,0x1,0,0},
{0x2,0x2,0x2,0x2,0x2,0x2,0x2,0x2,0,0},
{0x4,0x4,0x4,0x4,0x4,0x4,0x4,0x4,0,0},
{0x8,0x8,0x8,0x8,0x8,0x8,0x8,0x8,0,0},
{0x10,0x10,0x10,0x10,0x10,0x10,0x10,0x10,0,0},
{0x20,0x20,0x20,0x20,0x20,0x20,0x20,0x20,0,0},
{0x40,0x40,0x40,0x40,0x40,0x40,0x40,0x40,0,0},
{0x80,0x80,0x80,0x80,0x80,0x80,0x80,0x80,0,0},
    };
    fd=open("/dev/s3c2440_led0",O_RDWR);
    if (fd < 0) {
        printf("####Led device open fail####\n");
        return (-1);
    }
    printf("will enter TUBE LED, please waiting..............\n");
    LEDWORD=0xff00;
    ioctl(fd,0x12,LEDWORD);
    sleep(1);

    for (j=0;j<2;j++)
        for (i=0;i<10;i++)
        {
            LEDWORD=(LEDCODE[i]<<8)|LEDCODE[9-i];
            ioctl(fd,0x12,LEDWORD);
            jmdelay(1500);
        }
    printf("will enter DIG LED, please waiting..............\n");
    sleep(1);
    for (i=0;i<16;i++) {
write(fd,dd_data[i],10);
jmdelay(1000);
    }
    close(fd);
    return 0;
}
```

3. 编译链接生成可执行文件

编辑 Makefile 文件如下。

```
CC = arm-linux-gcc
TARGET = led_main
all: $(TARGET)
led_main: dcm_main.o
[TAB]$(CC) $^ -o $@
clean:
[TAB]rm -f *.o a.out da *.gdb led_main
```

将编辑好的 C 源程序 test_led.c 与 Makefile 文件放在同一个文件夹中，然后打开 Ubuntu 系统终端，进入该目录，使用命令 ll 可查看目录内所有文件信息，再使用命令 make 进行编译、链接，生成执行文件 led_main，如图 2-12 所示。

图 2-12 编译、链接，生成执行文件

4. 任务结果及数据

将执行文件 dcm_main 及驱动文件 s3c2440-led.ko 通过 TFTP 方式发送到目标机，输入命令 insmod□s3c2440-led.ko 加载驱动，若打印出"s3c2440-led device initialized"，表示驱动加载成功。输入命令 chmod□777□test_led 将执行文件属性改为可执行，并输入命令./test_led 运行程序，如图 2-13 所示，可在目标机上观察到数码管显示数字及 LED 点阵图案的变化情况，串口终端也会同时打印相关提示信息。

图 2-13 目标机上运行执行文件

任务 2.3 智能家居按键模块

任务 2.3 智能家居按键模块

 任务描述

1. 任务目的及要求

• 了解单片机扫描矩阵键盘的工作原理。

- 熟悉矩阵键盘 Linux 驱动模块设计。
- 熟悉矩阵键盘嵌入式系统设计方法。
- 掌握嵌入式编程实现矩阵键盘输入。

2. 任务设备

- 硬件：PC、UP-CUP2440 硬件平台、串口线、以太网线。
- 软件：VirtualBox 软件、Ubuntu 映像、PuTTY 软件、TFTP 客户端软件。

相关知识

2.3.1 矩阵键盘工作原理

矩阵键盘的按键设置在行、列线交点上，行、列线分别连接到按键开关的两端。行线通过上拉电阻接到+5 V 电源上。无按键按下时，行线处于高电平的状态；而当有按键按下时，行线电平由与此行线相连的列线电平决定。

矩阵键盘一般采用行列扫描法进行检测，具体步骤如下。

1）使行线为编程的输入线，列线为输出线，拉低所有的列线，判断行线的变化，如果有按键按下，则对应行线被拉低，否则所有的行线都为高电平。

2）在第一步判断有键按下后，延时 10 ms 消除机械抖动，再次读取行值，如果此行线还处于低电平状态则进入下一步，否则返回步骤 1）重新判断。

3）开始扫描按键位置，采用逐行扫描，每隔 1 ms 分别拉低第一列、第二列、第三列、第四列，无论拉低哪一列，其他三列都为高电平，读取行值找到按键的位置，分别把行值和列值储存在寄存器里。

4）从寄存器中找到行值和列值并把其合并，得到按键值，对此按键值进行编码，按照从第一行第一个开始到第四行第四个，逐行进行编码，编码值从 "0000" 至 "1111"，再进行译码，最后显示按键号码。

2.3.2 矩阵键盘 Linux 驱动模块设计

1. 矩阵键盘硬件设计

ATmega8 是 ATMEL 公司在 2002 年第一季度推出的一款高性能、低功耗的 8 位 AVR 微处理器。是一种非常特殊的单片机，采用了小引脚封装。ATmega8 工作于 16 MHz 时性能高达 16 MIPS，带有 512 字节的 E^2PROM 和 1 K 字节的片内 SRAM。

如图 2-14 所示，一方面 ATmega8 单片机通过 I^2C 接口与 S3C2440 处理器通信，信号线定义为 IICSDA 和 IICSCL；另一方面单片机通过 I/O 引脚 KEYI0~KEYI5 和 KEYO0~KEYO2 与矩阵键盘进行连接，并进行按键扫描。

2. 驱动模块程序分析

下面就驱动程序源码中部分关键接口函数进行分析。

（1）定义矩阵键盘设备驱动接口函数

实例化驱动函数接口。上层应用程序可通过 read、write、open、release 等通用函数直接调用 mega8_kbd_read、mega8_kbd_write、mega8_kbd_open、mega8_kbd_release 等驱动层函数。

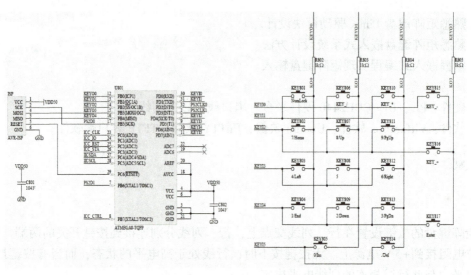

图 2-14 矩阵键盘接口电路

```
static struct file_operations mega8_kbd_fops = {
    owner:      THIS_MODULE,
    read:       mega8_kbd_read,
    write:      mega8_kbd_write,
    open:       mega8_kbd_open,
    release:    mega8_kbd_release,
};
```

(2) 驱动层读函数

定义矩阵键盘驱动层读函数 mega8_kbd_read(),应用层通过 read 函数可直接调用。

```
staticssize_t mega8_kbd_read (struct file * file, char * buf, size_t count, loff_t * offset)
{
KBD_RET kbd_ret;
int ret;
retry:
if ( kbddev. head != kbddev. tail ) {
    kbd_ret = kbdRead();
    ret = copy_to_user(buf, (char *)&kbd_ret, sizeof(KBD_RET));
    return sizeof(KBD_RET);
} else {
    if (file->f_flags & O_NONBLOCK)
    {
    return -EAGAIN;
    }
    interruptible_sleep_on(&(kbddev. wq));
    if (signal_pending(current))
    {
        return -ERESTARTSYS;
    }
    goto retry;
}
```

```
    return sizeof(KBD_RET);
}
```

(3) 驱动层写函数

键盘驱动层写函数 mega8_kbd_write( ),直接返回 -1 并无实际作用。

```
staticssize_t mega8_kbd_write(struct file *file, const char *buf, size_t count, loff_t *offset)
{
    return -1;
}
```

(4) 打开矩阵键盘设备函数

打开矩阵键盘设备函数 mega8_kbd_open( ),应用层通过 open( ) 函数可直接调用。

```
static int mega8_kbd_open(struct inode *inode, struct file *file)
{
    kbddev.head = kbddev.tail = 0;
    kbddev.kbdmode = MKEY_NULL;
    init_waitqueue_head(&(kbddev.wq));
    mega8_device_request(DTYPE_MKEYB);
    return 0;
}
```

(5) 释放设备函数

设备释放函数 mega8_kbd_release( ),应用层通过 release 函数可直接调用。

```
static int mega8_kbd_release(struct inode *inode, struct file *file)
{
    mega8_device_release(DTYPE_MKEYB);
    return 0;
}
```

2.3.3 嵌入式系统中键盘按键信息的获取

矩阵键盘嵌入式系统设计硬件连接如图 2-15 所示,UP-CUP2440 目标板的串口和网口与宿主机连接,目标板上 S3C2440 核心板通过 I^2C 总线控制 AVR 单片机,再通过 AVR 单片机驱动矩阵键盘。

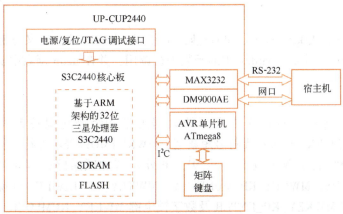

图 2-15 矩阵键盘嵌入式设计硬件连接

 **任务实施**

基于嵌入式系统的矩阵键盘应用实施过程包括：①通过重新配置内核源码编译生成矩阵键盘驱动；②设计矩阵键盘应用层程序调用矩阵键盘相关驱动程序接口，并交叉编译生成可执行程序；③通过 TFTP 方式将驱动和执行程序传输到目标机上进行加载执行。

1. 编译生成矩阵键盘驱动

在 Ubuntu 终端进入 Linux 内核源码目录 linux-2.6.24.4，其子目录 drivers/I2C/chips/包含有 mega8.c 等驱动程序源码，输入命令 make□menuconfig，即出现如图 2-16 所示内核配置界面。选择菜单"Device Drivers→I2C support→Miscellaneous I2C Chip support→Atmel Mega8 MCU on UP-ARM2410-s platform"命令，并输入"M"将其设置为驱动模块，保存并退出该界面到终端命令行，输入命令 make 重新编译即可生成驱动文件 mega8.ko。

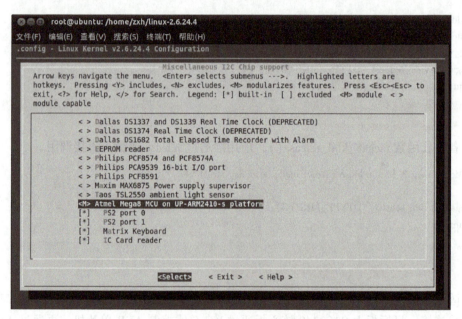

图 2-16　Linux 内核键盘驱动配置

2. 软件设计

应用层程序主要由 keyboard.c 和 get_key.c 组成，keyboard.c 定义与键盘驱动层直接相关的函数，get_key.c 对 keyboard.c 中的函数进行调用，并在 main 函数中实现了获取矩阵键盘按键信息的全过程。

（1）本地头文件

头文件 kbd_types.h 对程序中变量的数据类型和矩阵键盘按键相关宏做了定义，MWKEY 及 MWSCANCODE 表示无符号短整型，MWKEYMOD 表示无符号长整型。MWKEY_KP0~MWKEY_KP9 表示数字按键'0'~'9'，此外还有加减乘除按键 MWKEY_KP_PLUS、MWKEY_KP_MINUS、MWKEY_KP_MULTIPLY、MWKEY_KP_DIVIDE，删除键 MWKEY_KP_DEL，〈Enter〉键 MWKEY_KP_ENTER 及数字锁定键 MWKEY_NUMLOCK。

```
/* kbd_types.h */
typedef unsigned short MWKEY;
typedef unsigned short MWSCANCODE;
typedef unsigned int   MWKEYMOD;
#define MWKEY_UNKNOWN          0
/* Numeric keypad */
#define MWKEY_KP0        '0'
#define MWKEY_KP1        '1'
#define MWKEY_KP2        '2'
#define MWKEY_KP3        '3'
#define MWKEY_KP4        '4'
#define MWKEY_KP5        '5'
#define MWKEY_KP6        '6'
#define MWKEY_KP7        '7'
#define MWKEY_KP8        '8'
#define MWKEY_KP9        '9'
#define MWKEY_KP_DEL        0x7F
#define MWKEY_KP_DIVIDE        '/'
#define MWKEY_KP_MULTIPLY      '*'
#define MWKEY_KP_MINUS         '-'
#define MWKEY_KP_PLUS          '+'
#define MWKEY_KP_ENTER      13
#define MWKEY_NUMLOCK       0XFF
```

头文件 keyboard.h 对 keyboard.c 中主要函数做了声明，包括矩阵键盘设备打开函数 KBD_Open(void)、矩阵键盘设备关闭函数 KBD_Close(void)、获取键盘按键设备信息函数 KBD_GetModifierInfo() 和按键设备信息读函数 KBD_Read()。

```
/* keyboard.h */
#include "kbd_types.h"
int  KBD_Open(void);
void KBD_Close(void);
void KBD_GetModifierInfo(MWKEYMOD *modifiers, MWKEYMOD *curmodifiers);
int  KBD_Read(char *kbuf, MWKEYMOD *modifiers, MWSCANCODE *scancode);
```

头文件 get_key.h 对 get_key.c 中主要函数做了声明，包括初始化函数 kbd_init()、关闭函数 kbd_close()、获取信息函数 get_key(void)。通过调用对应的 KBD_Open(void)，KBD_Close(void) 和 KBD_Read() 函数实现打开设备、关闭设备和读取设备的功能。

```
/* get_key.h */
int  kbd_init();
int  kbd_close();
char get_key(void);
```

(2) 源程序

源程序 keyboard.c 对矩阵键盘设备做了宏定义 KEYBOARD   "/dev/Mega8-kbd"，在数据结构为 KeyMap 的数组 keymap[] 中实例化了矩阵键盘的按键信息，以及对设备打开 KBD_Open(void)、关闭 KBD_Close(void) 及读函数 KBD_Read() 做了具体定义。

```c
/* keyboard.c */
#include <stdio.h>
#include <sys/types.h>
#include <fcntl.h>
#include <unistd.h>
#include <errno.h>
#include "kbd_types.h"
#include "keyboard.h"
#define KEYBOARD "/dev/Mega8-kbd"
static int fd;
typedef struct{
MWKEY mwkey;
int scancode;
}KeyMap;
static MWKEY scancodes[64];
static KeyMap keymap[] = {
    {MWKEY_KP0,    11},
    {MWKEY_KP1,    0x2},
    {MWKEY_KP2,    3},
    {MWKEY_KP3,    4},
    {MWKEY_KP4,    5},
    {MWKEY_KP5,    6},
    {MWKEY_KP6,    7},
    {MWKEY_KP7,    8},
    {MWKEY_KP8,    9},
    {MWKEY_KP9,    0xa},
    {MWKEY_NUMLOCK, 42},
    {MWKEY_KP_DIVIDE,   53},
    {MWKEY_KP_MULTIPLY,55},
    {MWKEY_KP_MINUS,   74},
    {MWKEY_KP_PLUS,    78},
    {MWKEY_KP_ENTER,   28},
    {MWKEY_KP_DEL,83},
};
int KBD_Open(void)
{
int i;
/* Open the keyboard and get it ready for use */
fd = open(KEYBOARD, O_RDONLY | O_NONBLOCK);
if (fd < 0) {
    printf("%s - Can't open keyboard!\n", __FUNCTION__);
    return -1;
}else
    printf("keyboard is opened\n");
for (i=0; i<sizeof(scancodes)/sizeof(scancodes[0]); i++)
    scancodes[i]=MWKEY_UNKNOWN;
for (i=0; i< sizeof(keymap)/sizeof(keymap[0]); i++)
{   scancodes[keymap[i].scancode]=keymap[i].mwkey;
```

```c
    return fd;
}
void KBD_Close(void)
{
    close(fd);
    fd = -1;
}
void KBD_GetModifierInfo(MWKEYMOD * modifiers, MWKEYMOD * curmodifiers)
{
    if (modifiers)
        * modifiers = 0;/* no modifiers available */
    if (curmodifiers)
        * curmodifiers = 0;
}
int KBD_Read(char * kbuf, MWKEYMOD * modifiers, MWSCANCODE * scancode)
{
    int keydown = 0;
    int cc = 0;
    char buf,key;
    cc = read(fd, &buf, 1);
    if (cc < 0) {
        if ((errno != EINTR) && (errno != EAGAIN)
            && (errno != EINVAL)) {
            perror("KBD KEY");
            return (-1);
        } else {
            return (0);
        }
    }
    if (cc == 0)
        return (0);
    * modifiers = 0;
    if (buf & 0x80) {
        keydown = 1;/* Key pressed but not released */
    } else {
        keydown = 2;/* key released */
    }
    buf &= (~0x80);
    if(buf >= sizeof(scancodes)) * kbuf = MWKEY_UNKNOWN;
    * scancode = scancodes[(int) buf];
    * kbuf = * scancode;
    return keydown;
}
```

（3）主函数源码程序

源程序 get_key.c 是应用层主程序，在 main 函数首选调用函数 kbd_init() 对键盘设备相关数据信息进行初始化，然后在循环中调用函数 get_key(void) 获取按键信息，当按键扫描编码为 48 即按键'0',则退出循环,调用键盘设备关闭函数 kbd_close(),从而实现了获取矩阵键盘按键信息的完整过程。

```c
/* get_key.c */
#include <stdio.h>
#include <stdlib.h>
#include <sys/types.h>
#include <fcntl.h>
#include <unistd.h>
#include <errno.h>
#include <pthread.h>
#include "keyboard.h"
#include "kbd_types.h"
#include "get_key.h"
#define KEY_BUF_LEN 255
static void * read_keyboard(void * data);
char keybuf[KEY_BUF_LEN];
int pWrite = 0; //write key buffer point
int pRead = 0;
int pHead = 0;
int KEY_BUF_FULL = 0;
/************************************************************/
int kbd_init()
{
    char key;
    void * retval;
    if (KBD_Open() < 0) {
        printf("Can't open keyboard!\n");
        return -1;
    } else
        printf("keyboard opend!\n");
    return 0;
}
/************************************************************/
int kbd_close()
{
    KBD_Close();
    return 0;
}
/************************************************************/
char get_key(void)
{
    int keydown = 0, old_keydown;
    char key = 0;
    MWKEYMOD modifiers;
    MWSCANCODE scancode;
    while (1) {
```

```
        keydown=KBD_Read(&key, &modifiers, &scancode); //block read
        if(keydown==1){//key press down  2: key up
            return key;
        }
    }
}
int main()
{
char mykey;
kbd_init();
while(mykey!=48)
{
mykey=get_key();
printf("which key you press is %c  \n", mykey);
}
kbd_close();
return 0;
}
```

3. 编译链接生成可执行文件

编辑 Makefile 文件如下。

```
CC= arm-linux-gcc
EXEC=getkey
OBJS= keyboard.o get_key.o
all: $(EXEC)
 $(EXEC): $(OBJS)
 [TAB]$(CC)   -o $@ $(OBJS)
 clean:
 [TAB]rm -f $(EXEC) *.elf *.gdb *.o
```

如图 2-17 所示，将编辑好的 C 源程序 get_key.c、get_key.h、kbd_types.h、keyboard.c、keyboard.h 与 Makefile 文件放在同一个文件夹中，然后打开 Ubuntu 系统终端，进入该目录，使用命令 ls 可查看目录内所有文件信息，再使用命令 make 进行编译、链接，生成执行文件 getkey。

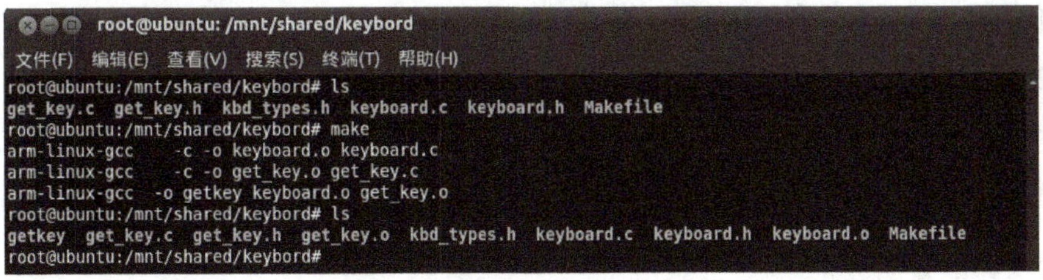

图 2-17 编译、链接，生成执行文件

4. 任务结果及数据

如图 2-18 所示，将执行文件 getkey 及驱动文件 mega8.ko 通过 TFTP 方式发送到目标机，输入命令 insmod□mega8.ko 加载驱动，若打印出相关初始化接口提示信息，则表示驱动加载成功，执行命令 chmod□777□getkey 将执行文件属性改为可执行，并输入命令 ./getkey 运行。可在目标机矩阵小键盘上敲击按键，串口打印按键对应编号，则说明嵌入式系统成功获取了按键信息。

图 2-18　目标机上运行执行文件

任务 2.4　嵌入式室内监控模块

任务描述

1. 任务目的及要求
- 了解智能家居中嵌入式监控的主要应用。
- 了解摄像头设备参数相关知识。
- 熟悉摄像头嵌入式驱动设计流程。
- 熟悉室内监控嵌入式系统设计方法。
- 掌握嵌入式编程，实现室内监控功能。

2. 任务设备
- 硬件：PC、Mini2440 目标板、USB 摄像头（Logitech B525）。
- 软件：VirtualBox 软件、Ubuntu 映像、PuTTY 软件、TFTP 客户端软件。

相关知识

2.4.1　智能家居中的嵌入式监控应用

1. 家庭智能安防应用
　　家庭智能安防系统综合运用物联网、无线电控制技术、微型传感器、防盗报警等多项技术，可以实现智能家居、防盗报警、紧急求助等功能。用户离开家或回到家，无须动手，通过智能家居系统都能自动对家里的设备进行操作，自动开启或关闭预设的模式，如开灯、开窗帘、关闭电源等。
　　在智慧家庭中，智能安防的应用主要体现在监控、防盗和消防预警三方面。家居监控可

直观地识别是否有人非法闯入，并进行自动报警，向用户推送异常信息，同时能够联动摄像头进行拍摄等，成为家庭安防的第一道预警线。家庭防盗设备包括人体活动和门窗开关感应设备，例如红外入侵探测器、门窗磁、智能门锁等，这些设备在系统设防状态下，能够感应到是否有人进入、门窗是否打开等，从而判断是否需要报警，并及时将感应的异常情况传送至用户手机，达到保护家人和财物的目的。消防预警主要用于家庭防火防爆，常用设备有烟雾感应器、燃气泄漏探测器、智能开关等，它们在烟雾或可燃气达到一定的浓度时就会发出报警，或者自动切断电源，以防止火灾的发生。

2. 监控摄像头的参数及选型

(1) 分辨率

分辨率在这里指摄像头能支持的位图图像细节的精细程度，分辨率越高则所含像素越多，图像越清晰。按清晰度的等级划分，普清的分辨率是 640×480 像素，高清是 1280×720 像素，全高清是 1920×1080 像素，2K 是 2048×1080 像素，4K 是 4096×2160 像素，分辨率逐渐增高。但分辨率越高，硬件成本和处理代价也越高。采购摄像头满足实际场景分辨率需求即可。

(2) 色彩空间像素格式

摄像头采集的视频像素格式主要是 YUV422、YUV420 及 MJPEG，YUV422 中 YUYV 居多，YUV420 中 YV12、NV12 居多。目前高清摄像头一般支持 H.264 编码标准，其编码器输入一般为 YV12 或 NV12。如果输出像素格式与输入不同，则需要进行格式转换。为了减少软件的计算负担及时延，选用的摄像头需要与软件输入的格式适配。MJPEG 作为摄像头所采集视频的压缩格式，简单可看作 JPEG 图像的序列，每帧图像采用有损或无损 JPEG 编码，图像之间没有依赖关系即不使用帧间编码，压缩率通常在 20∶1～50∶1。如果摄像头提供的信息是 MJPEG 格式，需要软件端进行 MJPEG 与 YV12 或 NV12 等格式的编解码，势必带来额外的开销。

(3) 帧率

帧率是指位图图像连续显示的频率，一般以 fps（帧每秒）为单位，反映摄像头视频捕获的能力。目前广泛使用的 USB 摄像头一般支持 YUYV 和 MJPEG 格式，MJPEG 在高清分辨率时的帧率高于 YUYV，可提供更好的流畅性和连续性。帧率只要超过 15 fps 就会被认为是连续运动视频，过高的帧率会带来系统软硬件的开销，一般满足应用场景需要即可。摄像头输出视频的常见的分辨率与帧率参数模式为：1080P@24、1080P@25、1080P@30、1080i@50、1080i@60、720P@50、720P@60，其中 24、25、30、50、60 就是帧率。一般荧光灯环境下的摄像头帧率最好设置为与荧光灯闪烁频率一致的 25 或者 50，才能避免采集数据出现一帧亮一帧暗的闪频现象。

(4) 色彩还原度

要测试摄像头的色彩还原能力，可以使用以下方法。

1）将太阳光下显示为白色的物体（白纸）对准摄像头，观察显示器里的颜色是否为白色。若不为白色可尝试调节摄像头设置中的白平衡（White Balance，WB），若无法调节正常可判断摄像头质量有问题，白色调节是其他颜色调节的基础。

2）在不同特定应用场景下观察摄像头整体色调是否真实，色彩饱和度有无问题，有无偏冷或偏暖的情况。视频会议场景一般在明亮灯光下进行测试，室外监控场景在太阳光下测试，桌面 USB 摄像头场景一般在荧光灯下测试等。

3) 观察不同颜色物体经摄像头采集后的颜色是否与原物体颜色相同，尤其注意红绿蓝三基色的表现是否真实。此外还要观察不同颜色的变化边缘是否锐利，摄像头感光材料若存在缺陷会导致颜色发生漂移。

(5) 去噪

摄像头去噪（Noise Reduce，NR）即抑制所采集图像视频中的噪声。摄像头设置中的去噪有 5 个等级，等级越高噪声越少，图像越光滑，但会损失越多的纹理细节，且会导致摄像头计算开销变大，相应速度变慢。纹理是物体表面真实存在的细节，如毛衣上的纤维，本来不存在噪声，是由于摄像头电气特性、感光材料不够优良产生的，噪声一般表现为静止区域的不规则闪烁。噪声的消除和纹理的保留是一对矛盾，因此需要在去噪和纹理还原度上进行平衡。在选用摄像头时可以将去噪等级都设置为中位值，然后比较噪声抑制和纹理还原度的差异。

(6) 动态响应速度

这个指标主要是看摄像头拍摄快速运动物体有无拖影，可通过在摄像头前快速挥动手臂进行测试。注意测试动态响应速度时不要将去噪等级设置过高。此外测试摄像头的响应速度可以面对摄像头快速举起手臂，看显示器内图像是否存在明显的滞后时间差，若能较好同步说明摄像头响应速度满足要求。

2.4.2 摄像头嵌入式驱动模块设计

V4l2 是 Linux 操作系统下用于采集图片、视频和音频数据的 API 接口，配合适当的视频采集设备和相应的驱动程序，可以实现图片、视频、音频等的采集。在远程会议、可视电话、视频监控系统和嵌入式多媒体终端中都有广泛应用。

在 Linux 下，所有外设都被看成一种特殊的文件，称为"设备文件"，可以像访问普通文件一样对设备文件进行访问，如图 2-19 所示为 Linux 视频驱动调用关系图，其中 video0、video1 表示不同的摄像设备。

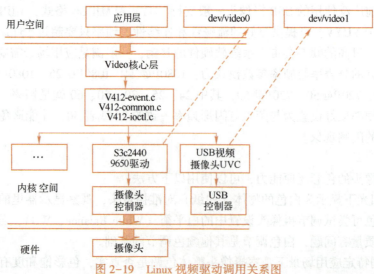

图 2-19 Linux 视频驱动调用关系图

如图 2-20 所示为 Linux 视频采集流程图。打开视频设备文件,通过视频采集的参数初始化,申请若干视频采集的帧缓存区,并将这些帧缓冲区从内核空间映射到用户空间,便于应用程序读取/处理视频数据。将申请到的帧缓冲区在视频采集输入队列排队,并启动视频采集。驱动开始视频数据的采集,应用程序从视频采集输出队列中取出帧缓冲区,处理后,将帧缓冲区重新放入视频采集输入队列,采集连续的视频数据。停止视频采集。

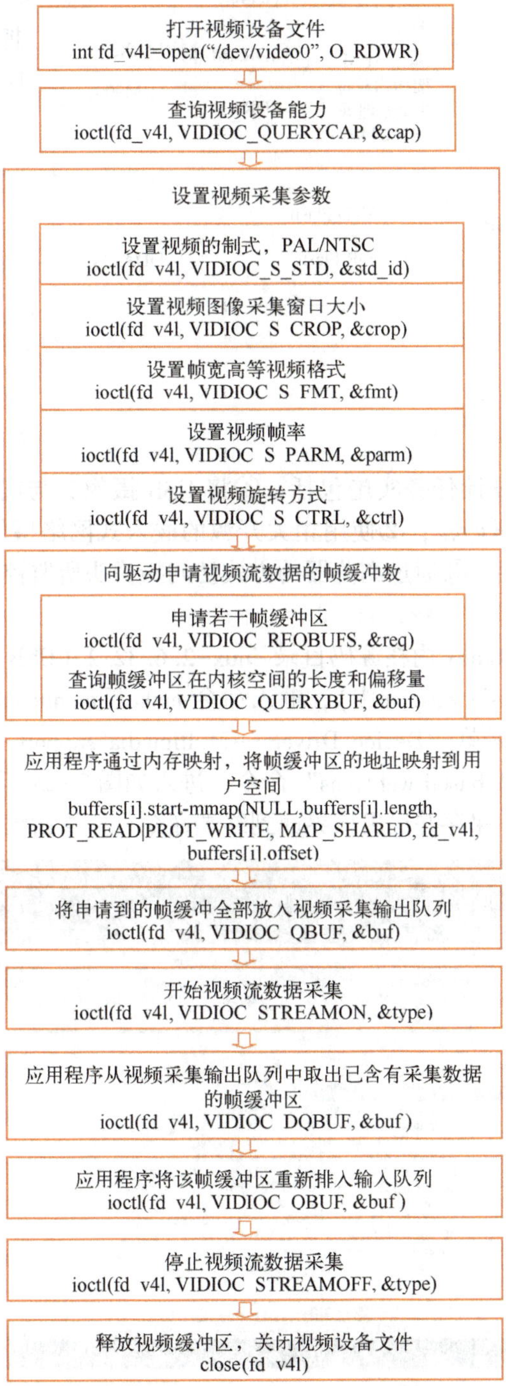

```
打开视频设备文件
int fd_v4l=open("/dev/video0", O_RDWR)
         ↓
查询视频设备能力
ioctl(fd_v4l, VIDIOC_QUERYCAP, &cap)
         ↓
设置视频采集参数
  ┌─────────────────────────────────┐
  │ 设置视频的制式,PAL/NTSC          │
  │ ioctl(fd_v4l, VIDIOC_S_STD, &std_id) │
  ├─────────────────────────────────┤
  │ 设置视频图像采集窗口大小         │
  │ ioctl(fd_v4l, VIDIOC_S_CROP, &crop)  │
  ├─────────────────────────────────┤
  │ 设置帧宽高等视频格式             │
  │ ioctl(fd_v4l, VIDIOC_S_FMT, &fmt)    │
  ├─────────────────────────────────┤
  │ 设置视频帧率                     │
  │ ioctl(fd_v4l, VIDIOC_S_PARM, &parm)  │
  ├─────────────────────────────────┤
  │ 设置视频旋转方式                 │
  │ ioctl(fd_v4l, VIDIOC_S_CTRL, &ctrl)  │
  └─────────────────────────────────┘
         ↓
向驱动申请视频流数据的帧缓冲数
  ┌─────────────────────────────────┐
  │ 申请若干帧缓冲区                 │
  │ ioctl(fd_v4l, VIDIOC_REQBUFS, &req)  │
  ├─────────────────────────────────┤
  │ 查询帧缓冲区在内核空间的长度和偏移量 │
  │ ioctl(fd_v4l, VIDIOC_QUERYBUF, &buf) │
  └─────────────────────────────────┘
         ↓
应用程序通过内存映射,将帧缓冲区的地址映射到用
户空间
buffers[i].start-mmap(NULL,buffers[i].length,
PROT_READ|PROT_WRITE, MAP_SHARED, fd_v4l,
         buffers[i].offset)
         ↓
将申请到的帧缓冲全部放入视频采集输出队列
ioctl(fd_v4l, VIDIOC_QBUF, &buf)
         ↓
开始视频流数据采集
ioctl(fd_v4l, VIDIOC_STREAMON, &type)
         ↓
应用程序从视频采集输出队列中取出已含有采集数据
的帧缓冲区
ioctl(fd_v4l, VIDIOC_DQBUF, &buf)
         ↓
应用程序将该帧缓冲区重新排入输入队列
ioctl(fd_v4l, VIDIOC_QBUF, &buf)
         ↓
停止视频流数据采集
ioctl(fd_v4l, VIDIOC_STREAMOFF, &type)
         ↓
释放视频缓冲区,关闭视频设备文件
close(fd_v4l)
```

图 2-20　Linux 视频采集流程图

2.4.3 室内监控嵌入式系统设计

室内监控嵌入式系统设计硬件连接如图 2-21 所示，USB 接口直接连接 USB 摄像头，串口 0 及网口连接宿主机进行系统监控及文件传输。

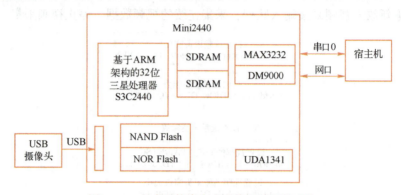

图 2-21 室内监控嵌入式系统设计硬件连接

 任务实施

室内监控的嵌入式设计任务实施包括：①将 USB 摄像头与嵌入式硬件系统进行连接，将 USB 摄像头驱动编译进内核；②使用相关开源的嵌入式网络摄像头软件工具初始化摄像头硬件并进行视频的捕捉；③通过浏览器的方式访问摄像头所监控的图像信息。

1. 将 USB 摄像头驱动编译进内核

在 Ubuntu 终端进入 Linux 内核源码目录 linux-2.6.32.2（USB 摄像头相关驱动程序源码在子目录 drivers/media/video/gspca 中），输入命令 make□menuconfig，即出现如图 2-22 所示内核配置界面，选择菜单 "Device Drivers→Multimedia support→Video capture adapters→V4L USB devices→GSPCA based webcams" 命令，进入如图 2-23 所示界面，输入 "Y" 将驱动模块全部加载进内核，保存并退出该界面到终端命令行，重新编译内核即可。

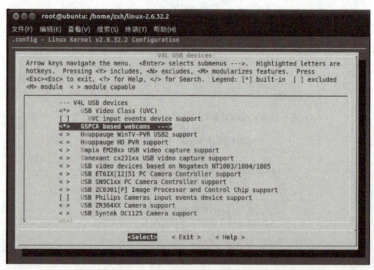

图 2-22 Linux 内核摄像头驱动配置

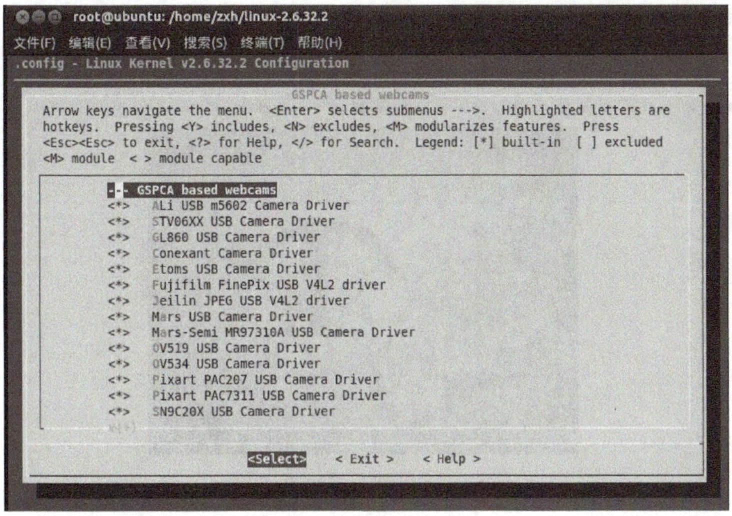

图 2-23 摄像头驱动

2. 室内监控测试

将 USB 摄像头（市面上主流的罗技 B525 等）插入目标板 USB 接口，可在串口终端看到 USB 摄像头驱动初始化信息，如图 2-24 所示。

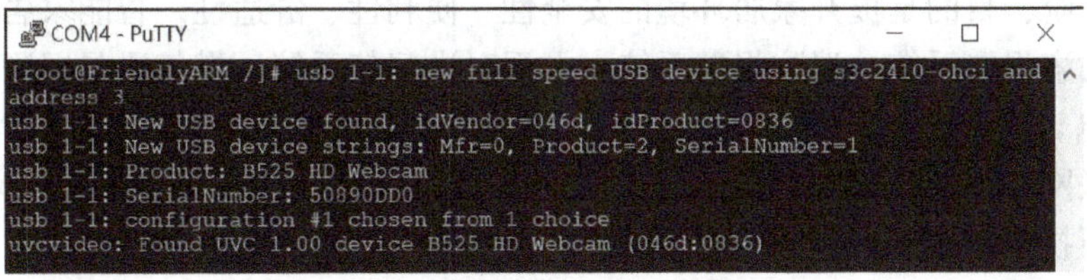

图 2-24 USB 摄像头驱动初始化

mjpg_streamer 相关软件包通过 FTP 方式下载到目标板对应目录/home/plg/，依次输入如下命令。

export□LD_LIBRARY_PATH="$(pwd)"
./mjpg_streamer□-o□"output_http.so -w ./www"□-i□"input_uvc.so"。

可观察到摄像头指示灯点亮，串口终端出现如图 2-25 所示摄像头设备初始化成功的信息。

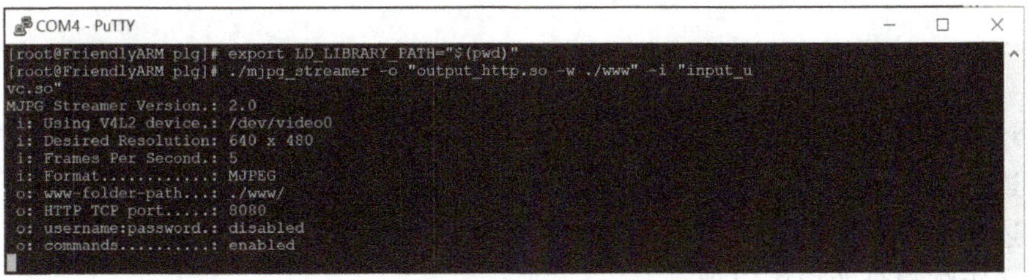

图 2-25 USB 摄像头驱动初始化成功

将网线与计算机连接，并将本地网卡的 IP 地址配置为与 192.168.1.230 相同网段。打开浏览器输入网址 http://192.168.1.230:8080/stream_simple.html，即可看到摄像头监控的室内场景，如图 2-26 所示。

图 2-26　摄像头室内监控场景

拓展阅读　智能家居

智能家居是一个以住宅为平台，利用综合布线技术、网络通信技术、安全防范技术、自动控制技术、音视频技术将与家居生活有关的设施集成在一起，构建的住宅设施与家庭日程事务的管理系统，目的是提升家居环境的安全性、便利性、舒适性。智能家居系统包括网络接入系统、防盗报警系统、消防报警系统、电视对讲门禁系统、燃气泄漏探测系统、远程抄表（水表、电表、燃气表）系统、紧急求助系统、远程医疗诊断及护理系统等。

随着物联网、AI、5G 等技术的发展，智能家居这个概念也越来越被消费者所接受，同时随着更多新技术作用于智能家居领域的产品端、云端和控制端，为智能家居终端产品更加开放、跨界融合奠定基础，智能家居正从"单品智能"迈入"全屋智能"时代。

项目小结

在这个项目的学习过程中，主要学习了 PWM 控制驱动直流电动机的嵌入式设计、数码管及 LED 点阵的嵌入式设计、矩阵键盘的嵌入式设计和室内监控的嵌入式设计。

习题与练习

一、简答题
1. 简述直流电动机的用途。
2. 简述如何使用 PWM 实现对直流电动机的控制。
3. 简述数码管和 LED 点阵的显示原理。
4. 简述矩阵键盘的扫描原理。

二、阐述题
1. 阐述 PWM 嵌入式 Linux 驱动模块设计的流程。
2. 阐述嵌入式智能监控设计流程。

项目 3　物联网通信——有线及无线通信接口嵌入式设计

本项目是物联网通信中的典型应用场景——有线及无线通信接口嵌入式设计，通过 RS-485 通信、CAN 总线接口通信、蓝牙无线通信及 WiFi 无线通信等任务设计，掌握相关通信接口芯片嵌入式驱动程序的设计、嵌入式源码编写及编译链接等主要步骤和相关拓展知识。

本项目所有任务均基于 ARM9 S3C2440 处理器，任务 3.1 和任务 3.2 采用博创 UP-CUP2440 作为嵌入式目标板，任务 3.3 和任务 3.4 采用 Mini2440 作为嵌入式目标板，以 VirtualBox 虚拟机搭建的 Ubuntu 桌面系统构建软件开发环境，以串口、以太网及 USB 接口作为基本硬件调试接口。

素养目标
- 培养学生的时间管理能力
- 培养学生合理利用工作资源的能力

任务 3.1　RS-485 现场总线通信

任务 3.1 RS-485 现场总线通信

任务描述

1. 任务目的及要求
- 了解 RS-485 通信原理相关知识。
- 熟悉 RS-485 接口芯片硬件电路。
- 熟悉 RS-485 嵌入式驱动模块设计方法。
- 了解 RS-485 通信嵌入式系统设计方法。
- 掌握嵌入式编程实现 RS-485 通信的具体流程方法。

2. 任务设备
- 硬件：PC、UP-CUP2440 硬件平台、串口线、以太网线。
- 软件：VirtualBox 软件、Ubuntu 映像、PuTTY 软件、TFTP 客户端软件。

相关知识

3.1.1　RS-485 接口简介

RS-485 是串行数据接口标准，最初是由电子工业协会（EIA）制订并发布的。RS-485 标准只对接口的电气特性做出规定，而不涉及接插件、电缆或协议，在此基础上用户可以建立自己的高层通信协议。

RS-485 数据信号采用差分传输方式，也称作平衡传输，它使用一对双绞线，将其中一线定义为 A，另一线定义为 B。通常情况下，发送驱动器 A、B 之间的正电平在+2～+6 V，是一个逻辑状态；负电平在-2～-6 V，是另一个逻辑状态。另有一个信号地 C，在 RS-485 中还有一个"使能"端，它是用于控制发送驱动器与传输线的切断与连接。当"使能"端起作用时，发送驱动器处于高阻状态，称作"第三态"，即它是有别于逻辑"1"与"0"的第三态。

RS-485 采用平衡传输方式，需要在传输线上接电阻。可以采用二线与四线方式，二线制可实现真正的多点双向通信。而采用四线连接时，只能实现点对多的通信，即只能有一个主（Master）设备，其余为从设备，无论四线还是二线连接方式，总线上可多接到 32 个设备。RS-485 的共模输出电压是-7～+12 V，其最大传输距离约为 1219 m，最大传输速率为 10 Mbit/s。平衡双绞线的长度与传输速率成反比，在 100 kbit/s 速率以下，才可能使用规定允许的最长长度。只有在很短的距离下才能获得最高速率传输。一般 100 m 长双绞线最大传输速率仅为 1 Mbit/s。

RS-485 接口可连接成半双工和全双工两种通信方式，半双工通信的芯片有 SN75176、SN75276、SN75LBC184、MAX485、MAX 1487、MAX3082、MAX1483 等；全双工通信的芯片有 SN75179、SN75180、MAX488～MAX491、MAX1482 等。

3.1.2　RS-485 嵌入式硬件接口设计

如图 3-1 所示为 RS-485 接口电路。UP-CUP2440 电路板采用的 RS-485 接口芯片型号为 MAX13085ECSA，其中 RS-485RXD、RS-485TXD 通过 CPLD 内部逻辑配置到 S3C2440 处理器串口 2 的 RXD2 和 TXD2 引脚，RS-485D-和 RS-485D+是一对差分信号，通过导线连接远端 RS-485 接口芯片的对应引脚。芯片引脚定义如表 3-1 所示。

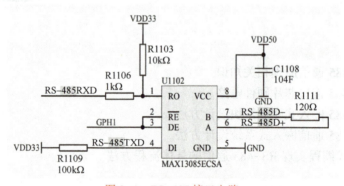

图 3-1　RS-485 接口电路

表 3-1　MAX13085ECSA 芯片引脚定义

引脚号	名称	功能
1	RO	接收器输出：如果 A 比 B 大 200 mV，则 RO 输出高电平；如果 A 比 B 小 200 mV，则 RO 输出低电平
2	$\overline{\text{RE}}$	接收器输出使能。$\overline{\text{RE}}$为低电平使能 RO，$\overline{\text{RE}}$为高电平 RO 输出高阻状态
3	DE	驱动输出使能
4	DI	驱动输入
5	GND	接地

(续)

引脚号	名称	功　　能
6	A	同相接收器输入和同相驱动器输出
7	B	反相接收器输入和反相驱动器输出
8	VCC	正电源：4.75 V≤VCC≤5.25 V

3.1.3　RS-485 接口嵌入式驱动设计

RS-485 接口驱动部分关键函数定义描述如下。

(1) 宏定义

以宏定义方式定义了 RS-485 的接收和发送函数：_485_Mode_Rev() 和 _485_Mode_Send()，相关收发命令标志 _485_IOCTRL_RE2DE、_485_RE、_485_DE，设备文件名"s3c2440_485"，主设备号/次设备号等。

```
#define MAX485_PIN_R2S(1<<1)     //GPIO_H1:set mode receive or send
#define _485_Mode_Rev()          do {writel((readl(dat_addr) & (~MAX485_PIN_R2S)),dat_addr);\
                                 udelay(1000);}while(0);
#define _485_Mode_Send()         do {writel((readl(dat_addr) | MAX485_PIN_R2S),dat_addr);\
                                 udelay(1000);}while(0);
#define _485_IOCTRL_RE2DE(0x10)  //send or receive
#define _485_RE          0       //receive
#define _485_DE          1       //send
#define DEVICE_NAME      "s3c2440_485"
#define DEVICE_MAJOR 252
#define DEVICE_MINOR     0
```

(2) 收发控制函数

通过应用层传递命令控制字调用数据接收函数 _485_Mode_Rev() 及数据发送函数 _485_Mode_Send() 实现数据收发。RS-485 接口的收发控制接口函数定义如下。

```
static int _485_ioctl(struct inode * inode, struct file * filp, unsigned int cmd, unsigned long arg)
{
switch(cmd){
case _485_IOCTRL_RE2DE:
    if(_485_RE == arg)
        _485_Mode_Rev()
    else if (_485_DE == arg)
        _485_Mode_Send()
    break;
default:
    printk("Do not have this ioctl methods\n");
}
return 0;
}
```

(3) 设备打开及释放接口函数

RS-485 接口设备打开及释放并无实际操作，仅打印相关信息进行提示。

```
static int _485_open(structinode * inode, struct file * filp)
{
    printk("s3c2440 485 device open!\n");
    return 0;
}
static int _485_release(structinode * inode, struct file * filp)
{
    printk("s3c2440 485 device release!\n");
    return 0;
}
```

(4) 定义设备文件函数接口

通过定义 RS-485 设备文件函数接口，应用层可以通过 open、ioctl、release 等通用函数调用 RS-485 设备具体操作函数。

```
static struct file_operations s3c2440_fops = {
    owner: THIS_MODULE,
    open: _485_open,
    ioctl: _485_ioctl,
    release: _485_release,
};
```

3.1.4　RS-485 接口通信嵌入式系统设计

RS-485 接口通信嵌入式系统设计如图 3-2 所示。UP-CUP2440 目标板的串口和网口与宿主机连接，S3C2440 核心板的 UART2 通过 CPLD 内部逻辑可以分配给 RS-485 总线。由芯片 MAX13085 完成 TTL 到差分信号的转换，RS-485 方向控制线占用 S3C2440 的 GPH1。RS-485 总线用夹线式接线端子引出，同时提供 4 个引脚。

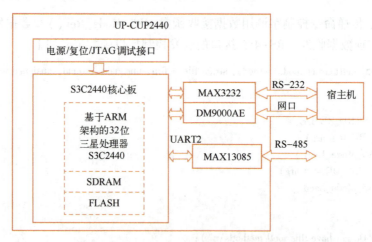

图 3-2　RS-485 接口通信嵌入式系统设计

任务实施

嵌入式系统的 RS-485 通信实施有以下步骤：①配置系统内核编译生成 RS-485 接口驱

动；②设计 RS-485 通信程序，并交叉编译链接生成可执行程序；③再通过 TFTP 方式将 RS-485 接口驱动文件和执行程序文件传输到目标机上加载运行。

1. 编译生成 RS-485 接口驱动

在 Ubuntu 终端进入 Linux 内核源码目录 linux-2.6.24.4（注意驱动源程序 s3c2440-485.c 在目录 drivers/char/里），输入命令 make□menuconfig，即出现如图 3-3 所示内核驱动配置界面，选择菜单"Device Drivers→character device→S3C2440 485 support driver"命令，并输入"M"将其设置为驱动模块，保存并退出该界面到终端命令行，输入命令 make，重新编译，即可生成驱动文件 s3c2440-485.ko。

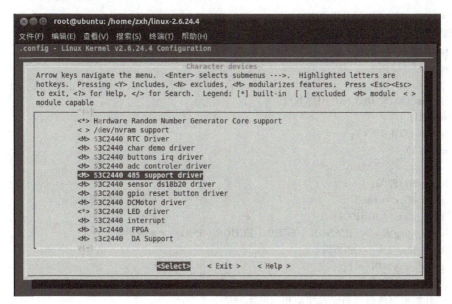

图 3-3　RS-485 接口内核驱动配置界面

2. 软件设计

应用层软件代码设计如下。

```
/*485-test.c*/
#include <stdio.h>
#include <stdlib.h>
#include <fcntl.h>
#include <pthread.h>
//#include <sys/mman.h>
#include <termios.h>
#define _485_IOCTRL_RE2DE      (0x10)
#define _485_RE           0              //接收状态
#define _485_DE           1              //发送状态
//#define BAUDRATE B115200
#define COM2 "/dev/ttySAC2"
#define DEV485 "/dev/s3c2440_4850"
static int get_baudrate(intargc,char ** argv);
```

```c
int main(int argc, char **argv)
{
    int f485, fcom;
    struct termios tio;
    char buf[1024]={0}, c='\n', *d;
    int baud;
    if((argc > 3) ||(argc == 1)){
        printf("输入参数出错!!!\n");
        exit(0);
    }
    f485 = open(485_DEV,O_RDWR);
    if(f485 <0){
        printf("####s3c2410_485设备打开%s失败####\n",485_DEV);
        return (-1);
    }
    fcom = open(COM_DEV, O_RDWR);
    if (fcom <0) {
        perror(COM_DEV);
        exit(-1);
    }
        baud=B115200;
        tio.c_cflag = baud;                                    /*设置波特率*/
        tio.c_iflag = IGNPAR;                                  /*输入标志*/
        tio.c_oflag &= ~(ICANON | ECHO | ECHOE | ISIG);        /*输出标志*/
        tio.c_lflag &= ~OPOST;
        tio.c_cc[VMIN]=1;
        tio.c_cc[VTIME]=0;
    /* 开始清空通信线路以及激活相关设置 */
        tcflush(fcom, TCIFLUSH);                               /*清空输出缓冲区*/
        tcsetattr(fcom,TCSANOW,&tio);                          /*设置属性*/
        if(strncmp(argv[2],"send",4)==0) {
            ioctl(f485, _485_IOCTRL_RE2DE, _485_DE );          /*设置RS-485模式为发送状态*/
            printf("####s3c2440 485设备开始发送####\n");
            int i;
            for(i='0'; i<='z'; i++) {
                printf("%c", i);
                fflush(stdout);                                /*清空输出缓冲区*/
                write(fcom,&i,1);                              /*写数据到RS-485串口*/
                usleep(100000);                                /*延时*/
            if (i == 'z')
            i = '0'-1;
            }
        } else if (strncmp(argv[2],"rev",3)==0) {
            ioctl(f485, _485_IOCTRL_RE2DE, _485_RE );          /*设置RS-485模式为接收状态*/
            printf("####s3c2440 485设备接收中 ####\n");
            do {
```

```
            read(fcom,&c,1);                    /*读控制台通信端口*/
            printf("%c", c);
            fflush(stdout);                     /*清空输出缓冲区*/
        }while (c != '\0');
    }
    close(fcom);
    close(f485);
    return 0;
}
```

3. 编译链接生成可执行文件

如图 3-4 所示，编辑 Makefile 文件，指定编译器为 CC=arm-linux-gcc，生成执行文件 TARGET = 485-test。

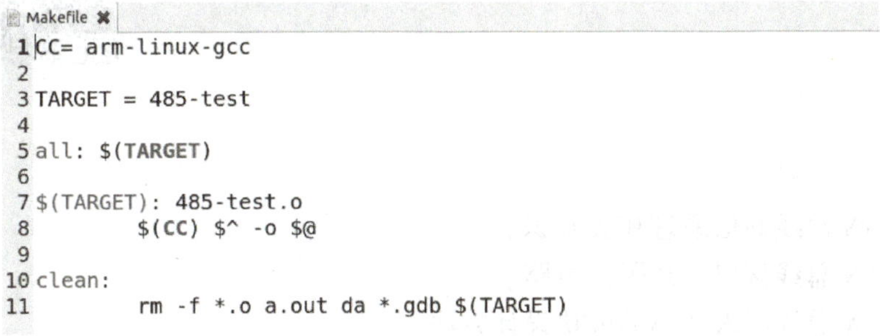

```
1 CC= arm-linux-gcc
2
3 TARGET = 485-test
4
5 all: $(TARGET)
6
7 $(TARGET): 485-test.o
8         $(CC) $^ -o $@
9
10 clean:
11        rm -f *.o a.out da *.gdb $(TARGET)
```

图 3-4 编辑 Makefile 文件

如图 3-5 所示，将编辑好的 C 源程序 485_test.c 与 Makefile 文件放在同一个文件夹中，然后打开 Ubuntu 系统终端，进入该目录，使用命令 ls 可查看目录内所有文件信息，再使用命令 make 进行编译、链接，生成执行文件 485_test。

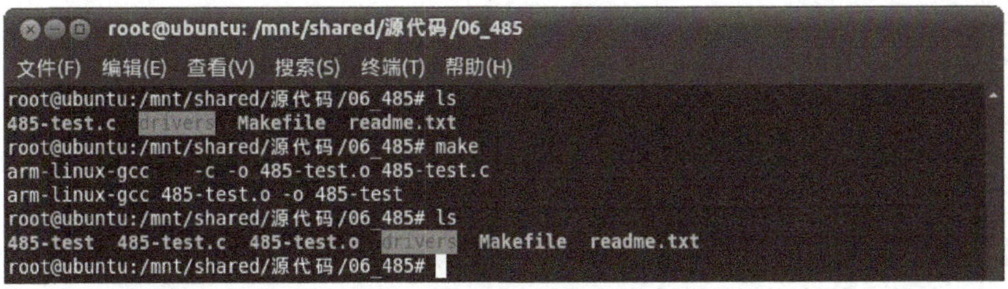

```
root@ubuntu:/mnt/shared/源代码/06_485# ls
485-test.c  drivers  Makefile  readme.txt
root@ubuntu:/mnt/shared/源代码/06_485# make
arm-linux-gcc    -c -o 485-test.o 485-test.c
arm-linux-gcc 485-test.o -o 485-test
root@ubuntu:/mnt/shared/源代码/06_485# ls
485-test  485-test.c  485-test.o  drivers  Makefile  readme.txt
root@ubuntu:/mnt/shared/源代码/06_485#
```

图 3-5 编译、链接，生成执行文件

4. 任务结果及数据

如图 3-6 所示，将执行文件 485-test 及驱动文件 s3c2440-485.ko 通过 TFTP 方式发送到目标机，输入命令 insmod□s3c2440-485.ko 加载驱动，若打印"s3c2440-485device initialized"，表示驱动加载成功，输入命令 chmod□777□485-test，将执行文件属性改为可执行，并输入命令 ./s3c2440-485 运行。可在串口终端观察到输出打印以及环回后的数据。

图 3-6 上传执行文件到目标机并运行

任务 3.2 CAN 接口通信

任务描述

1. 任务目的及要求
- 了解 CAN 总线通信原理相关知识。
- 熟悉 CAN 总线接口芯片硬件电路。
- 熟悉 CAN 总线嵌入式驱动模块设计方法。
- 了解 CAN 总线通信嵌入式系统设计方法。
- 掌握嵌入式编程实现 CAN 总线通信的具体流程方法。

2. 任务设备
- 硬件：PC、UP-CUP2440 硬件平台、串口线、以太网线。
- 软件：VirtualBox 软件、Ubuntu 映像、PuTTY 软件、TFTP 客户端软件。

相关知识

3.2.1 CAN 接口通信原理

1. CAN 总线简介

控制器局域网（Controller Area Network，CAN）是国际上应用最广泛的现场总线之一，由德国 Bosch 公司开发并形成国际标准（ISO11898）。CAN 总线是汽车计算机控制系统和嵌入式工业控制局域网的标准总线，在汽车环境中的发动机管理系统、变速箱控制器、仪表装备、电子主干系统中嵌入 CAN 控制装置，可以实现各电子控制装置 ECU 之间的信息交换。其主要特点如下。

（1）成本低

采用总线技术，模块之间的信号传递仅需两条信号线，布线局部化，在汽车系统及大型仪器设备中大大减少了布线，简化了结构，因此成本更低。

（2）实时性和可靠性强

CAN 总线各节点可根据报文标识符采用逐位仲裁的方式竞争向总线发送数据，CAN 协

议对通信数据进行编码，可使不同节点同时接收到相同的数据，相较采用主从式系统结构，主站轮询通信方式的 RS-485，数据通信实时性更强，更容易构成冗余结构。

(3) 传输距离远

在速率低于 5 kbit/s 时，通信距离最远可达 10 km；速率为 1 Mbit/s 时，通信距离小于 40 m。

(4) 容错率高

相较 RS-485 出现多节点同时向总线发送数据，易造成短路损坏某些节点的问题，CAN 节点具有自动关闭输出功能，可使总线上其他节点操作不受影响，不会因个别节点出现问题使总线处于"死锁"状态。

(5) 开发周期短

CAN 控制接口芯片可实现完整的协议，系统开发难度较低，开发周期短，相较仅有电气协议的 RS-485，CAN 的优势更大。

2. CAN 总线电气特性

CAN 总线的通信介质可以是双绞线、同轴电缆或光纤，最常用的就是双绞线。信号采用差分电压传送，两条信号线被标识为 CAN_H 和 CAN_L，分为"隐性"和"显性"两个状态，"隐性"时，即静态时均为 2.5 V 左右，此时状态表示为逻辑 1。CAN_H 比 CAN_L 高，通常电压值为 CAN_H=3.5 V 和 CAN_L=1.5 V 时表示逻辑 0，称为"显性"。此时，当"显性"位和"隐性"位同时发送的时候，最后总线数值将为"显性"。这种特性为 CAN 总线的仲裁奠定了基础。

3.2.2 CAN 总线嵌入式硬件接口设计

如图 3-7 所示为 CAN 总线接口电路。CAN 总线电路采用 MCP2510 作为控制器，TJA1050 作为驱动器。MCP2510 通过 SPI 总线和 CPU 连接，片选线占用 S3C2440 的 GPH0，中断占用 S3C2440 的 EINT4。CAN 总线接口也采用接线端子引出。

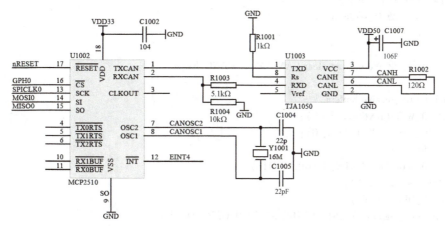

图 3-7 CAN 总线接口电路

3.2.3 CAN 接口 Linux 驱动模块设计

CAN 接口驱动部分关键函数定义描述如下。

(1) 定义设备文件函数接口

通过定义 CAN 设备文件函数接口,应用层可以通过 write、read、ioctl、open、release 等通用函数调用 CAN 总线设备具体操作函数。

```
static struct file_operations s3c2440_fops = {
owner:      THIS_MODULE,
write:s3c2440_mcp2510_write,
read:s3c2440_mcp2510_read,
ioctl:s3c2440_mcp2510_ioctl,
open:s3c2440_mcp2510_open,
release:    s3c2440_mcp2510_release,
};
```

(2) 设备打开函数

定义 CAN 总线设备打开函数,具体如下。

```
static int s3c2440_mcp2510_open(structinode *inode, struct file *file)
{
int i,j,a;
if(opencount==1)
    return -EBUSY;
opencount++;
memset(&mcp2510dev, 0 ,sizeof(mcp2510dev));
init_waitqueue_head(&(mcp2510dev.wq));
//Enable clock output
MCP2510_Write(CLKCTRL, MODE_NORMAL| CLKEN | CLK1);
// Clear, deactivate the three transmit buffers
a = TXB0CTRL;
for (i = 0; i < 3; i++) {
    for (j = 0; j < 14; j++) {
        MCP2510_Write(a, 0);
        a++;
    }
    a += 2; // We did not clear CANSTAT or CANCTRL
}
// and the two receive buffers.
MCP2510_Write(RXB0CTRL, 0);
MCP2510_Write(RXB1CTRL, 0);
//Open Interrupt
MCP2510_Write(CANINTE, RX0IE|RX1IE);
MCP2510_Setup(NULL);
MCP2510_OPEN_INT();
s3c2410_gpio_cfgpin(S3C2410_GPH0, S3C2410_GPH0_OUTP);
s3c2410_gpio_pullup(S3C2410_GPH0,1);
s3c2410_gpio_setpin(S3C2410_GPH0,1);
DPRINTK("device open\n");
return 0;
}
```

(3) 设备释放函数

定义 CAN 总线设备释放函数，具体如下。

```c
static int s3c2440_mcp2510_release(structinode *inode, struct file *filp)
{
    opencount--;
    MCP2510_Write(CANINTE, NO_IE);
    MCP2510_Write(CLKCTRL, MODE_LOOPBACK| CLKEN | CLK1);
    MCP2510_CLOSE_INT();
    DPRINTK("device release\n");
    return 0;
}
```

(4) 读数据函数

定义 CAN 总线读数据函数，具体如下。

```c
static ssize_t s3c2440_mcp2510_read(struct file *filp, char *buffer, size_t count, loff_t *ppos)
{
    int ret;
    CanData candata_ret;
    DPRINTK("run in s3c2440_mcp2510_read\n");
retry:
    if (mcp2510dev.nCanReadpos != mcp2510dev.nCanRevpos) {
        int count;
        count = RevRead(&candata_ret);
        if (count) ret = copy_to_user(buffer, (char *)&candata_ret, count);
            if(ret < 0) {
                printk("error mcp2510 write. \n");
            }
        candata_ret.id, candata_ret.data[0],
        candata_ret.data[1], candata_ret.data[2],
        candata_ret.data[3], candata_ret.data[4],
        candata_ret.data[5], candata_ret.data[6],
        candata_ret.data[7]);
        return count;
    } else {
        if (filp->f_flags & O_NONBLOCK) {
            return -EAGAIN;
        }
        interruptible_sleep_on(&(mcp2510dev.wq));
        if (signal_pending(current)) {
            return -ERESTARTSYS;
        }
        goto retry;
    }
    DPRINTK("read data size=%d\n", sizeof(candata_ret));
    return sizeof(candata_ret);
}
```

(5) 写数据函数

定义 CAN 总线写数据函数，具体如下。

```
staticssize_t s3c2440_mcp2510_write(struct file *file, const char *buffer, size_t count, loff_t *ppos)
{
int ret;
charsendbuffer[sizeof(CanData)];
if(count==sizeof(CanData)){
    //send full Can frame---frame id and frame data
    ret = copy_from_user(sendbuffer, buffer, sizeof(CanData));
    if(ret < 0){
        printk("error mcp2510 write.\n");
    }
    MCP2510_canWrite((PCanData)sendbuffer);
    DPRINTK("Send a Full Frame\n");
    return count;
}
if(count>8)
    return 0;
ret = copy_from_user(sendbuffer, buffer, count);
            if(ret < 0){
                    printk("error mcp2510 write.\n");
            }
MCP2510_canWriteData(sendbuffer, count);
return count;
}
```

(6) 参数设置

定义 CAN 总线接口参数设置函数。通过发送不同的命令参数进行设置，如发送命令 UPCAN_IOCTRL_SETBAND 设置波特率，发送 UPCAN_IOCTRL_SETID 设置数据帧 ID，发送 UPCAN_IOCTRL_SETLPBK 设置 CAN 接口是否环回等。

```
static int s3c2440_mcp2510_ioctl(struct inode *inode, struct file *file, unsigned int cmd, unsigned long arg)
{
unsigned long flags;
local_irq_save(flags);
switch(cmd){
case UPCAN_IOCTRL_SETBAND://set can bus band rate
    MCP2510_SetBandRate((CanBandRate)arg ,TRUE);
    mdelay(10);
    break;
case UPCAN_IOCTRL_SETID://set can frame id data
    MCP2510_Write_Can_ID(TXB0SIDH, arg, arg&UPCAN_EXCAN);
    MCP2510_Write_Can_ID(TXB1SIDH, arg, arg&UPCAN_EXCAN);
    MCP2510_Write_Can_ID(TXB2SIDH, arg, arg&UPCAN_EXCAN);
    break;
case UPCAN_IOCTRL_SETLPBK://set can device in loop back mode or normal mode
    if(arg){
```

```
            MCP2510_Write(CLKCTRL, MODE_LOOPBACK| CLKEN | CLK1);
            mcp2510dev.loopbackmode = 1;
        }
        else{
            MCP2510_Write(CLKCTRL, MODE_NORMAL| CLKEN | CLK1);
            mcp2510dev.loopbackmode = 0;
        }
        break;
    case UPCAN_IOCTRL_SETFILTER://set a filter for can device
        MCP2510_SetFilter((PCanFilter)arg);
        break;
    }
    local_irq_restore(flags);
    DPRINTK("IO control command = 0x%x\n",cmd);
    return 0;
}
```

3.2.4 CAN 接口通信嵌入式系统设计

CAN 总线接口嵌入式系统设计如图 3-8 所示，UP-CUP2440 目标板的串口和网口与宿主机连接，目标板上 S3C2440 核心板的 SPI 总线与 MCP2510 控制器相连，再与驱动器 TJA1050 连接，对外进行 CAN 接口通信。

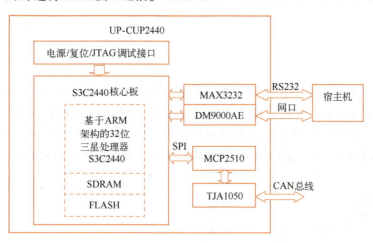

图 3-8 CAN 总线接口嵌入式系统设计

嵌入式系统的 CAN 总线接口通信实施步骤如下：①配置系统内核编译生成 CAN 总线接口驱动；②设计 CAN 总线通信程序，并交叉编译链接生成可执行程序；③再通过 TFTP 方式将 CAN 总线接口驱动文件和执行程序文件传输到目标机上加载运行。

1. 编译生成 CAN 接口驱动

在 Ubuntu 终端进入 Linux 内核源码目录 linux-2.6.24.4（注意驱动源程序 s3c2440-can-mcp2510.c 在目录 drivers/char/里），输入命令 make□menuconfig，即出现如图 3-9 所示内核

驱动配置界面，选择菜单"Device Drivers→character device→S3C2440 CAN Bus（MCP2510）support driver"命令，并输入"M"将其设置为驱动模块，保存并退出该界面到终端命令行，输入命令 make，重新编译，即可生成驱动文件 s3c2440-can-mcp2510.ko。

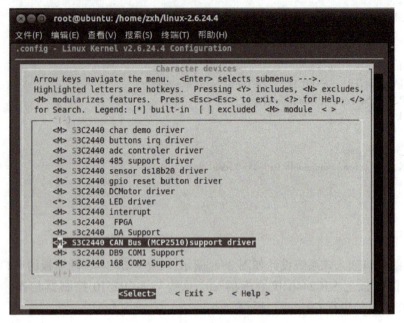

图 3-9　CAN 总线内核驱动配置界面

2. 软件设计

（1）应用层头文件定义

应用层头文件 up-can.h 的内容主要是 ioctrl 函数的相关宏定义，包括设置数据 ID 编号 UPCAN_IOCTRL_SETID，测试过程中进行环回设置 UPCAN_IOCTRL_SETLPBK。定义 CAN 总线数据的结构体类型 CanData，结构体成员包括 CAN 总线 ID 编号、8 字节的 CAN 总线数据 data[8]、数据长度 dlc、总线是否扩展标识 IsExt 以及远程帧标识 rxRTR。

```
/* up-can.h */
#include <stdlib.h>
#include <string.h>
#define UPCAN_IOCTRL_SETID          0x2
#define UPCAN_IOCTRL_SETLPBK        0x3
#define UPCAN_IOCTRL_PRINTRIGISTER  0x5

typedef struct {
    unsigned int id;              //CAN 总线 ID
    unsigned char data[8];        //CAN 总线数据
    unsigned char dlc;            //数据长度
    int IsExt;                    //是否是扩展总线
    int rxRTR;                    //是否是远程帧
} CanData;
```

(2) 应用层主函数文件

主函数文件 main.c 主要包括定义 CAN 总线数据接收函数 canRev(void * t)、CAN 总线字符串发送函数 CanSendString(char *pstr)。在主函数 main 中,首先打开字符设备驱动"/dev/can0",然后创建新线程绑定接收函数 canRev,在主线程中用无限循环方式 for(;;)接收串口终端的字符串输入,当收到字符"q"则退出主线程,关闭驱动文件,否则发送串口终端输入的字符串序列。

```
/* main.c */
#include <stdio.h>
#include <unistd.h>
#include <fcntl.h>
#include <time.h>
#include <sys/ioctl.h>
#include <pthread.h>
#include "up-can.h"
#define CAN_DEV      "/dev/can0"
static int can_fd = -1;

static void * canRev(void * t)
{
CanData data;
int i;
printf("can recieve thread begin.\n");
for(;;){
    read(can_fd, &data, sizeof(CanData));
    for(i=0;i<data.dlc;i++)
        putchar(data.data[i]);
    fflush(stdout);
}
return NULL;
}

#define MAX_CANDATALEN 8
static void CanSendString(char *pstr)
{
CanData data;
int len=strlen(pstr);
memset(&data,0,sizeof(CanData));
data.id=0x123;
data.dlc=8;
for(;len>MAX_CANDATALEN;len-=MAX_CANDATALEN){
    memcpy(data.data, pstr, 8);
    write(can_fd, &data, sizeof(data));
    pstr+=8;
}
data.dlc=len;
memcpy(data.data, pstr, len);
```

```c
    write(can_fd, &data, sizeof(CanData));
}

int main(int argc, char ** argv)
{
int i;
pthread_t th_can;
static char str[256];
static const char quitcmd[] = "\\q!";
void * retval;
int id = 0x123;
char usrname[100] = {0,};
if((can_fd = open(CAN_DEV, O_RDWR)) < 0){
    printf("Error opening %s can device\n", CAN_DEV);
    return 1;
}
ioctl(can_fd, UPCAN_IOCTRL_PRINTRIGISTER, 1);
ioctl(can_fd, UPCAN_IOCTRL_SETID, id);
/* Create the threads */
pthread_create(&th_can, NULL, canRev, 0);
printf("\nPress \"%s\" to quit!\n", quitcmd);
printf("\nPress Enter to send!\n");

if(argc == 2){      //Send user name
    sprintf(usrname, "%s: ", argv[1]);
}
for(;;){
    int len;
    scanf("%s", str);
    if(strcmp(quitcmd, str) == 0){
        break;
    }
    if(argc == 2)//Send user name
        CanSendString(usrname);
    len = strlen(str);
    str[len] = '\n';
    str[len+1] = 0;
    CanSendString(str);
}
/* Wait until producer and consumer finish. */
printf("\n");
close(can_fd);
return 0;
}
```

3. 编译链接生成可执行文件

如图 3-10 所示为编辑 Makefile 文件，指定编译器为 CC = arm-linux-gcc，生成执行文件 EXEC = canchat。

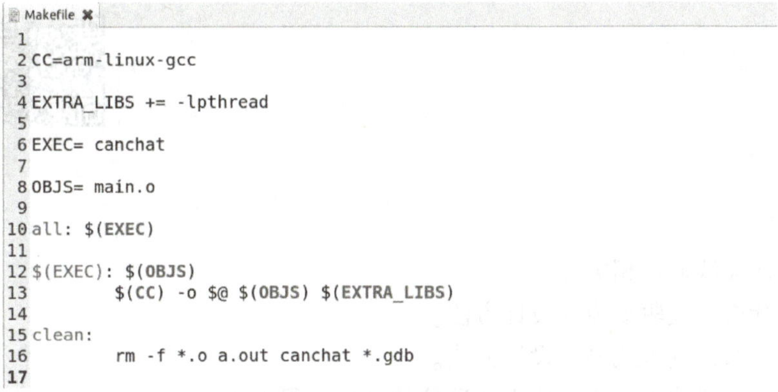

```
 1
 2 CC=arm-linux-gcc
 3
 4 EXTRA_LIBS += -lpthread
 5
 6 EXEC= canchat
 7
 8 OBJS= main.o
 9
10 all: $(EXEC)
11
12 $(EXEC): $(OBJS)
13       $(CC) -o $@ $(OBJS) $(EXTRA_LIBS)
14
15 clean:
16       rm -f *.o a.out canchat *.gdb
17
```

图 3-10 编辑 Makefile 文件

如图 3-11 所示，将编辑好的 C 源程序 main.c、up-can.h 与 Makefile 文件放在同一个文件夹中，然后打开 Ubuntu 系统终端，进入该目录，使用命令 ls 可查看目录内所有文件信息，再使用命令 make 进行编译、链接，生成执行文件 canchat。

图 3-11 编译、链接，生成执行文件

4. 任务结果及数据

如图 3-12 所示，将驱动文件 s3c2440-can-mcp2510.ko 及可执行文件 canchat 通过 TFTP 方式发送到目标机，执行命令 insmod□s3c2440-can-mcp2510.ko 加载驱动，若打印"can initialized"，表示驱动加载成功，输入命令 chmod□777□canchat 将执行文件属性改为可执行，并输入命令 ./canchat 运行。由于直接将 CAN 总线进行了环回，可在串口终端观察到输出打印以及另一接收端的数据。

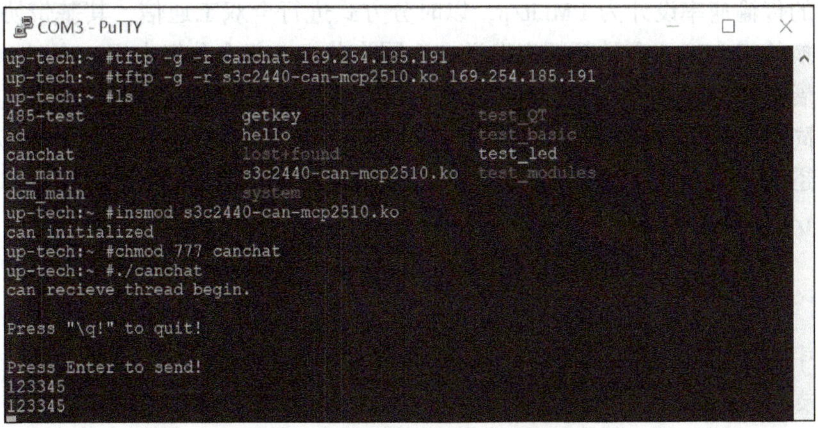

图 3-12 上传执行文件到目标机并运行

任务 3.3　蓝牙无线通信

任务 3.3　蓝牙无线通信

任务描述

1. 任务目的及要求
- 了解蓝牙无线通信相关知识。
- 熟悉蓝牙嵌入式驱动模块设计方法。
- 了解蓝牙通信嵌入式系统设计方法。
- 掌握用嵌入式编程实现蓝牙无线通信的具体流程方法。

2. 任务设备
- 硬件：PC、Mini2440 硬件平台、蓝牙模块 HC-05、串口线、以太网线。
- 软件：VirtualBox 软件、Ubuntu 映像、PuTTY 软件、FTP 客户端软件。

相关知识

3.3.1　蓝牙无线通信原理

蓝牙（Bluetooth）技术是由爱立信、诺基亚、Intel、IBM 和东芝 5 家公司于 1998 年 5 月共同提出开发的。蓝牙技术的本质是设备间的无线连接，主要用于通信与信息传递。近年来，在电声行业中也开始使用。依据发射输出电平可以有三种距离等级，Class1 约为 100 m，Class2 约为 10 m，Class3 约为 2～3 m。一般情况下，其正常的工作范围是半径 10 m 之内。在此范围内，可进行多台设备间的互联。但对于某些产品，设备间的连接距离甚至远隔 100 m 也照样能建立蓝牙通信与信息传递。

蓝牙技术的特点包括：①采用跳频技术，数据包小，抗衰减能力强；②采用快速跳频和前向纠错方案以保证链路稳定，减少同频干扰和远距离传输时的随机噪声影响；③使用 2.4 GHz ISM 频段，无须申请许可证；④可同时支持数据、音频、视频信号；⑤采用 FM 调制方式，降低设备的复杂性。

该技术的传输速率设计为 1 Mbit/s，以时分方式进行全双工通信，其基带协议是电路交换和分组交换的组合。一个跳频频率发送一个同步分组，每个分组占用一个时隙，使用扩频技术也可扩展到 5 个时隙。同时，蓝牙技术支持 1 个异步数据通道或 3 个并发的同步话音通道，或 1 个同时传送异步数据和同步话音的通道。每一个话音通道支持 64 kbit/s 的同步话音；异步通道支持最大速率为 721 kbit/s，反向应答速率为 57.6 kbit/s 的非对称连接，或者是 432.6 kbit/s 的对称连接。

3.3.2　蓝牙模块硬件设计

本项目中，蓝牙无线通信任务选用的蓝牙模块型号为 HC-05，该模块遵循 V2.1+EDR 蓝牙规范，支持 UART 接口及 SPP 蓝牙串口协议，具有成本低、体积小、功耗低、收发灵敏度高等优点，只需配备少许的外围元件就能实现其强大功能。

如图 3-13 所示为 HC-05 蓝牙模块硬件电路。该蓝牙模块的主要功能由蓝牙芯片 BT1BCM 完成，其 3.3 V 供电电压由一块 LDO 电源芯片将 5 V 电压变压得到，外部引脚包括状态引脚 STATE、串口 TTL 电平收发引脚 RXD 和 TXD、接地引脚 GND、电源引脚 VCC 和使能引脚 EN。

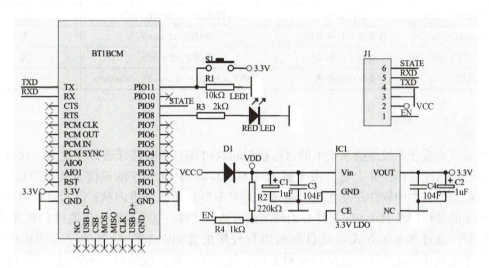

图 3-13　HC-05 蓝牙模块硬件电路

3.3.3　蓝牙无线通信嵌入式实现

蓝牙无线通信嵌入式系统设计如图 3-14 所示，由于串口提供的外部接口已经是串口 TTL 电平，因此只需将 Mini2440 串口 1 的 TTL 电平引脚 TXD、RXD、GND、VCC 引脚依次连接蓝牙模块的 RXD、TXD、GND、VCC 引脚即可。串口 0 连接 PC 进行系统监控。

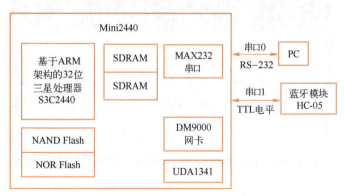

图 3-14　蓝牙无线通信嵌入式系统设计
注：图中省略以太网的连接，后续任务框图也做同样处理。

表 3-2 所示为蓝牙透传模块 HC-05 指令集，包含测试、复位、查询版本、查询蓝牙设备名称、查询主从模式及查询串口参数等指令的具体指令格式及返回值，所有指令均以串口 ASCII 码的形式发送与接收。

表 3-2　HC-05 指令集

指　　令	说　　明	返　回　值	参 数 范 围
AT\r\n	测试指令	OK	无
AT+RESET\r\n	复位	OK	无
AT+VERSION?\r\n	查询版本	+VERSION=1.0-20180103	无
AT+NAME?\r\n	查询蓝牙设备名称	+NAME:<Param>	无
AT+ROLE?\r\n	查询主从模式	+ROLE:<Param>	无
AT+UART?\r\n	查询串口参数	+UART:<Param>,<Param2>,<Param3>	无

任务实施

将嵌入式蓝牙无线通信系统中的目标板 Mini2440 串口 1 与蓝牙透传模块 HC-05 的串口用杜邦线进行硬件连接并上电，由于嵌入式 Mini2440 与 HC-05 的通信方式是串口 TTL 电平，因此宿主机中的软件开发实施步骤是：①将串口驱动编译进内核；②设计配置 HC-05 工作模式的源程序及 Makefile 文件并编译生成可执行文件；③将执行文件通过 FTP 方式发送到目标板，通过 Telnet 方式登录目标板运行程序配置 HC-05，让其处于自动连接模式；④打开手机蓝牙与此蓝牙节点进行配对连接，使用手机客户端软件（SPP 蓝牙串口）进行信息互通。

1. 编译生成串口驱动

在 Ubuntu 终端进入 Linux 内核源码目录 linux-2.6.32.2，输入命令 make□menuconfig，即出现如图 3-15 所示内核驱动配置界面，选择菜单 "Device Drivers→character device→Serial drivers→Samsung S3C2440/ S3C2442 Serial port support" 命令，并输入 "Y" 将其编译进内核，确保目标板中已烧录的内核具有上述配置，否则需要更新内核。

图 3-15　串口驱动配置界面

2. 软件设计

应用层程序 bluetooth.c 主要实现蓝牙模块相关配置命令及蓝牙数据收发。配置命令包括蓝牙模块名称、主从模式及速率设置等。由于蓝牙模块 HC-05 实现了串口数据与蓝牙数据的转换，因此 Mini2440 嵌入式主系统只需要访问串口设备 "/dev/ttySAC1"，实现了串口数据的收发就完成了蓝牙数据的收发。

```c
/* bluetooth.c */
#include <stdio.h>
#include <stdlib.h>
#include <termio.h>
#include <unistd.h>
#include <fcntl.h>
#include <getopt.h>
#include <time.h>
#include <errno.h>
#include <string.h>

static inline void WaitFdWriteable(int Fd)
{
    fd_set WriteSetFD;
    FD_ZERO(&WriteSetFD);
    FD_SET(Fd, &WriteSetFD);
    select(Fd + 1, NULL, &WriteSetFD, NULL, NULL);
}

int main(intargc, char **argv)
{
    int CommFd, TtyFd;
    struct termios TtyAttr;
    struct termios BackupTtyAttr;
    int DeviceSpeed = B9600;
    int TtySpeed = B38400;
    int ByteBits = CS8;
    const char *DeviceName = "/dev/ttySAC1";
    const char *TtyName = "/dev/tty";

    CommFd = open(DeviceName, O_RDWR, 0);
    if (CommFd < 0)
    printf("Unable to open device");
    fcntl(CommFd, F_SETFL, O_NONBLOCK);
    memset(&TtyAttr, 0, sizeof(struct termios));
    TtyAttr.c_iflag = IGNPAR;
    TtyAttr.c_cflag = DeviceSpeed | HUPCL | ByteBits | CREAD | CLOCAL;
    TtyAttr.c_cc[VMIN] = 1;
    tcsetattr(CommFd, TCSANOW, &TtyAttr);
    TtyFd = open(TtyName, O_RDWR | O_NDELAY, 0);
    if (TtyFd < 0)
    printf("Unable to open tty");
    TtyAttr.c_cflag = TtySpeed | HUPCL | ByteBits | CREAD | CLOCAL;
tcgetattr(TtyFd, &BackupTtyAttr);
    tcsetattr(TtyFd, TCSANOW, &TtyAttr);
    for (;;) {
    unsigned char Char = 0;
```

```c
    fd_setReadSetFD;
    FD_ZERO(&ReadSetFD);
    FD_SET(CommFd, &ReadSetFD);
    FD_SET(TtyFd, &ReadSetFD);
#define max(x,y) ( ((x) >= (y)) ? (x) : (y) )
    select(max(CommFd, TtyFd) + 1, &ReadSetFD, NULL, NULL, NULL);
#undef max
if (FD_ISSET(CommFd, &ReadSetFD)) {
    while (read(CommFd, &Char, 1) == 1) {
    WaitFdWriteable(TtyFd);
    write(TtyFd, &Char, 1);
    }
    }

if (FD_ISSET(TtyFd, &ReadSetFD)) {
    while (read(TtyFd, &Char, 1) == 1) {
    WaitFdWriteable(CommFd);
    if(Char=='1')
    {
    unsigned char str1[20] = "AT\r\n";
    printf("test cmd\r\n");
    write(CommFd, &str1, 4);
    }
    else if(Char=='2')
    {
printf("VERSION?\r\n");
    unsigned char str2[20] = "AT+VERSION?\r\n";
    write(CommFd, &str2, 13);
    }
    else if(Char=='3')
    {
                printf("NAME?\r\n");
    unsigned char str3[20] = "AT+NAME?\r\n";
    write(CommFd, &str3, 10);
    }
    else if(Char=='4')
{
        printf("ROLE?\r\n");
    unsigned char str4[20] = "AT+ROLE?\r\n";
    write(CommFd, &str4, 10);
    }
    else if(Char=='5')
    {
printf("UART?\r\n");
    unsigned char str4[20] = "AT+UART?\r\n";
    write(CommFd, &str4, 10);
    }
    else if(Char=='6')
```

```
        {
printf( "hello world!!!\r\n\r\n" );
            unsigned char str4[20] = "hello world!!!\r\n";
            write( CommFd, &str4, 16 );
        }
        else if ( Char == '\x1b')
            gotoExitLabel;
        }
    }
}
ExitLabel:
    tcsetattr( TtyFd, TCSANOW, &BackupTtyAttr );
    return 0;
}
```

3. 编译链接生成可执行文件

如图 3-16 所示，编辑源程序 bluetooth.c 对应的 Makefile 文件，交叉编译器为 arm-linux-gcc，使用 make 命令可生成可执行文件 bluetooth，若修改源程序后需要重新编译可使用命令 make□clean 清除之前的目标文件 bluetooth 以及相关中间文件。

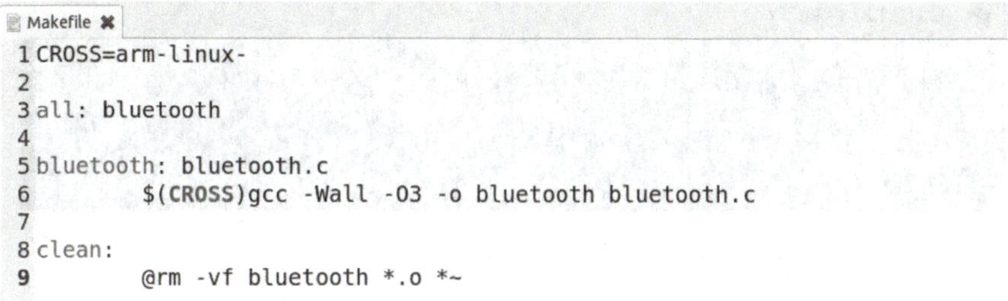

```
1 CROSS=arm-linux-
2
3 all: bluetooth
4
5 bluetooth: bluetooth.c
6         $(CROSS)gcc -Wall -O3 -o bluetooth bluetooth.c
7
8 clean:
9         @rm -vf bluetooth *.o *~
```

图 3-16 编辑 Makefile 文件

如图 3-17 所示，将编辑好的 C 源程序 bluetooth.c 与 Makefile 文件放在同一个文件夹中，然后打开 Ubuntu 系统终端进入该目录，可使用命令 ls 查看目录内所有文件信息，再使用命令 make 进行编译、链接，生成目标执行文件 bluetooth，再次使用 ls 查看目标文件是否生成。

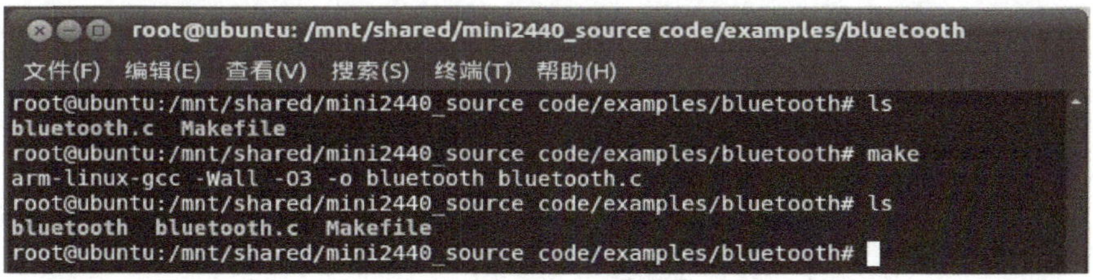

```
root@ubuntu:/mnt/shared/mini2440_source code/examples/bluetooth# ls
bluetooth.c  Makefile
root@ubuntu:/mnt/shared/mini2440_source code/examples/bluetooth# make
arm-linux-gcc -Wall -O3 -o bluetooth bluetooth.c
root@ubuntu:/mnt/shared/mini2440_source code/examples/bluetooth# ls
bluetooth  bluetooth.c  Makefile
root@ubuntu:/mnt/shared/mini2440_source code/examples/bluetooth#
```

图 3-17 编译、链接，生成执行文件

4. 任务结果及数据

将执行文件 bluetooth 通过 FTP 方式发送到目标机，如图 3-18 所示，在目标机终端中输入命令 chmod□777□bluetooth，将执行文件属性改为所有用户可执行，并输入命令 ./bluetooth 运行。通过对应指令查看版本号、蓝牙模块名、主从模式及串口速率等。

图 3-18 蓝牙模块信息读取

发送 AT+RESET 之后，当模块 LED 以 0.5 s 间隔闪烁时表示进入自动连接模式，可以打开手机蓝牙搜索到该蓝牙节点，然后输入之前的配对码进行连接，打开手机客户端软件（SPP 蓝牙串口）就可以与之通信。此时运行程序命令 ./bluetooth，如图 3-19 所示，输入字符串 "hello world!!!" 并按〈Enter〉键，手机客户端软件（SPP 蓝牙串口）显示如图 3-20 所示的信息。

图 3-19 蓝牙数据透传

图 3-20 手机客户端接收数据

任务 3.4　WiFi 无线通信

 任务描述

1. 任务目的及要求

- 了解 WiFi 无线通信原理。
- 了解 WiFi 无线通信 Linux 驱动模块设计。
- 熟悉 WiFi 无线通信嵌入式系统设计方法。
- 掌握 WiFi 无线通信嵌入式设计流程及方法。

2. 任务设备

- 硬件：PC、Mini2440 硬件平台、USB WiFi 模块、串口线、以太网线。
- 软件：VirtualBox 软件、Ubuntu 映像、PuTTY 软件、FTP 客户端软件。

 相关知识

3.4.1　WiFi 无线通信原理

1. WiFi 无线通信协议

无线保真技术（Wireless Fidelity，WiFi）是 IEEE 802.11 标准创建的无线局域网技术。从最早 1997 年发布的 WiFi0 到最新的 WiFi6，协议标准从 IEEE 802.11 到 IEEE 802.11ax，20 年的时间最高速率从 2 Mbit/s 到现在的 11 Gbit/s，IEEE 802.11 协议族摘要如表 3-3 所示。在信号较弱或有干扰的情况下，带宽可自动调整，有效地保障了网络的稳定性和可靠性。其工作频段分为 2.4 GHz 和 5 GHz，2.4 GHz 支持 802.11b/g/n/ax 标准，5 GHz 支持 802.11a/n/ac/ax，即 802.11n/ax 同时工作在 2.4 GHz 和 5 GHz 频段，属于兼容双频工作。WiFi 主要特性为速度快，可靠性高，开放区域通信距离可达 305 m，封闭区域通信距离为 76~122 m，组网成本低，与现有有线以太网络整合方便。

表 3-3　IEEE 802.11 协议族摘要

协议标准	发布时间	最大速率/(bit/s)	工作频段/GHz
IEEE 802.11	1997 年	2 M	2.4
IEEE 802.11a	1999 年	54 M	5
IEEE 802.11b	1999 年	11 M	2.4
IEEE 802.11g	2003 年	54 M	2.4
IEEE 802.11n	2009 年	600 M	2.4/5
IEEE 802.11ac	2014 年	1 G	5
IEEE 802.11ax	2019 年	11 G	2.4/5

WiFi 主要技术优势如下：

1) 无线电波的覆盖范围广，半径可达 100 m，远超蓝牙技术覆盖范围的 15 m，满足办公室甚至整栋大楼中的使用。近年来的高端产品可将通信距离提升到 6.5 km，为进一步满足

其他应用提供了可能。

2) WiFi 技术虽在通信质量、数据安全性能上比不上蓝牙，但目前的民用产品传输速率一般都能达到 11 Mbit/s，如比较常见的 IEEE 802.11b，完全能满足一般的信息化需求。

3) 接入成本低，无须布线，只要在机场、车站、咖啡店、图书馆等人员较密集的地方设置"热点"，即可将因特网接入上述场所。

4) WiFi 发射功率不超过 100 mW，相比一般手机的发射功率在 200～1000 mW，对讲机的发射功率高达 5 W，WiFi 更加安全环保。

2. USB 无线网卡

一般架设 WiFi 无线网络只需要每台计算机配备无线网卡。它主要在媒体存取控制层 MAC 中扮演无线工作站及有线局域网络的桥梁。如果计算机设备没有自带无线网卡，比较方便的是使用 USB 无线网卡。这是一种内置无线 WiFi 芯片并通过 USB 接口传输的网卡，可根据支持的无线标准及接口标准进行选型购买。如无线标准支持 IEEE 802.11g 还是 IEEE 802.11n 传输速率并不相同，且协议标准都是向下兼容，另外 USB 接口主要分为 USB2.0 和 USB3.0，显然 USB3.0 传输速率更快。

USB 无线网卡常用瑞昱的 Realtek8187L 和雷凌科技的 RT3070 两种核心芯片，因 Realtek8187L 芯片成本低廉，虽其性能各方面不及 RT3070 芯片，应用仍十分广泛。

如表 3-4 所示 USB 无线网卡内置芯片 Realtek8187L 与 RT3070 的配置对比，包括传输速率、频段、辐射功率、稳定性、连接要求及制造成本各项指标。

表 3-4 USB 无线网卡内置芯片 Realtek8187L 和 RT3070 配置对比

性能配置	Realtek8187L	RT3070
传输速率	54 Mbit/s	300 Mbit/s
频段	B/G 频段	B/G/N 频段
辐射功率	手机的 6 倍	手机的 1/2
稳定性	容易掉线	非常好
连接要求	低于 4 格信号无法连接	2 格信号即可连接
制造成本	低廉	较高

3.4.2 WiFi 无线通信 Linux 驱动设计

Linux 系统中一般是通过 USB 接口的 WiFi 驱动支持 WiFi 无线通信，与 USB 摄像头驱动及 USB 鼠标驱动一样，都符合 Linux USB 驱动结构：USB 设备驱动（字符设备、块设备、网络设备）-USB 核心-USB 主机控制器驱动。而与 USB 摄像头驱动是字符设备不同，WiFi 驱动是网络设备。

从硬件层面上看，WiFi 设备与 CPU 通信是通过 USB 接口，与其他 WiFi 设备之间的通信是通过无线射频方式。从软件层面上看，Linux 操作系统需要管理 WiFi 设备，就要将 WiFi 设备挂载到 USB 总线上，通过 USB 子系统实现管理。同时为了对接网络，又将 WiFi 设备封装成一个网络设备。

从 USB 总线的角度看，它是 USB 设备；从 Linux 设备的分类上看，它又是网络设备；从 WiFi 本身的角度看，它又有自己独特的功能及属性，因此它又是一个私有的设备；基于此，WiFi 无线通信 Linux 驱动框架分析如下。

（1）USB 设备驱动

USB 设备驱动程序的主要工作是将 USB 接口的 WiFi 设备挂载到 USB 总线上，以便 Linux 系统在 USB 总线上就能够找到该设备，步骤如下。

1）针对该设备定义一个 USB 驱动，对应到代码中即定义一个 USB_driver 结构体变量。

2）填充该设备的 USB_driver 结构体成员变量。

3）将该驱动注册到 USB 子系统。

（2）网络设备驱动

网络设备驱动大致步骤如下。

1）定义一个 net_device 结构体变量 ndev。

2）初始化 ndev 变量并分配内存。

3）填充 ndev->netdev_ops 结构体成员变量。

4）填充 ndev->wireless_handlers 结构体成员变量，该变量是无线扩展功能。

5）将 ndev 设备注册到网络子系统。

（3）WiFi 设备本身私有的功能及属性

WiFi 设备本身私有的功能包括自身的配置及初始化、建立与用户空间的交互接口、自身功能的实现等。

3.4.3　WiFi 无线通信嵌入式设计

WiFi 无线通信嵌入式系统设计如图 3-21 所示，由于采用 USB WiFi 模块（型号为 B-LINKBL-LW02-2）进行无线通信接入，将模块插入 Mini2440 的 USB 主设备接口（USB HOST）即可。串口 0 连接 PC 进行系统监控。为方便测试 WiFi 无线通信应用效果，可再接入 CMOS 摄像头（CAM130）。最终可通过 PC 与 Mini2440 的无线 WiFi 通信获取摄像头监控的影像。

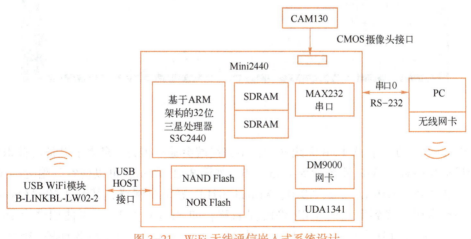

图 3-21　WiFi 无线通信嵌入式系统设计

实现嵌入式 WiFi 无线通信需要将无线协议和 USB 无线设备驱动配置进内核，然后编译

内核并更新目标机内核，再将 USB 无线适配器插入目标板并在串口终端观察相关识别信息，最后使用系统的 WiFi 扫描及连接命令接入附近 WiFi 路由器。WiFi 是否连接成功可以用 ping 命令测试。本次任务最后在 WiFi 通信的基础上实现了 Mini2440 目标板 CMOS 摄像头的远程监控功能。

1. 配置无线协议及 USB 无线网卡驱动

在 Ubuntu 终端进入 Linux 内核源码目录 linux-2.6.32.2，输入命令 make□menuconfig，即出现如图 3-22 所示内核配置界面，选择菜单 "Networking support→Wireless" 命令，并输入 "Y" 将无线协议配置进内核。然后退回到顶层菜单，选择菜单 "Device Drivers→Network device support→Wireless LAN→Wireless LAN(IEEE 802.11)" 命令，如图 3-23 所示，输入 "Y" 将相关无线网卡驱动配置进内核。如果不清楚无线网卡设备具体对应的驱动，最好全选且选用目标板推荐的无线网卡。确保目标板中已烧录的内核具有上述配置，否则需要更新内核。

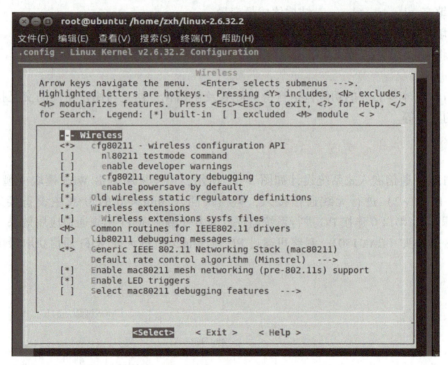

图 3-22 无线协议配置界面

2. 扫描 WiFi 网络并接入 WiFi 路由器

如图 3-24 所示，插入 USB 无线网卡，串口终端会提示相关信息表示设备已被识别，然后使用目标板内置的 WiFi 系统命令 scan-wifi，如图 3-25 所示，可以搜索到附近的 WiFi 无线网络，如 3309、CMCC-erxz、7010、Xiaomi_07ED 等无线网络，其右边的 "(Security)"表示网络有密码。找到室内的 WiFi 路由器名称，如 Xiaomi_07ED，再使用命令 start-wifi □wpa2□Xiaomi_07ED□ ****** 进行接入操作，其中 wpa2 为 WiFi 网络的密码类型，****** 表示网络密码。如果命令格式输入无误，WiFi 路由器的 DHCP 路由器会给目标板分配 IP 地址，如图 3-26 所示，信息 "lease of 192.168.31.127 obtained" 表示成功分配 IP 地址 192.168.31.127。

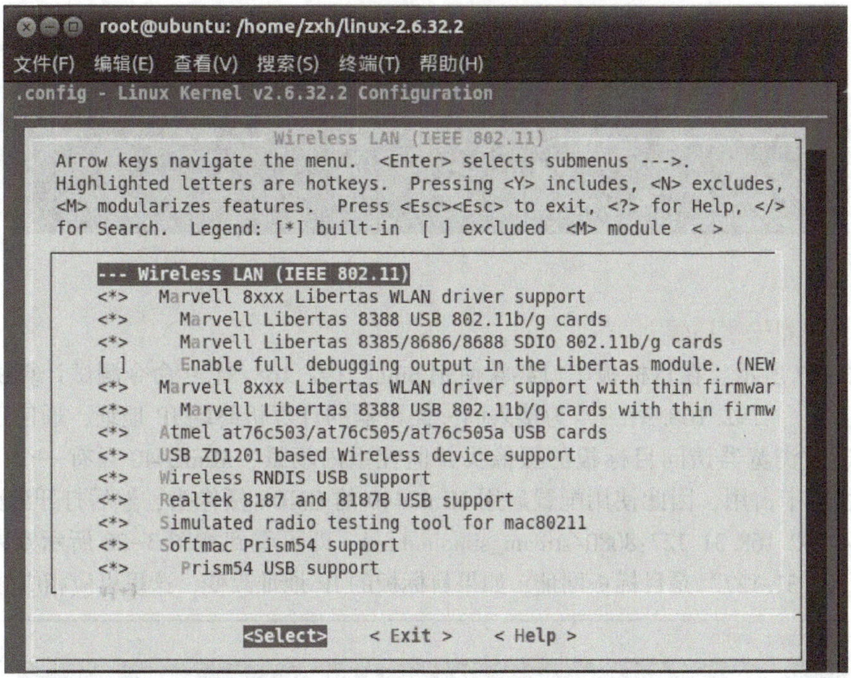

图 3-23　USB 无线网卡驱动配置

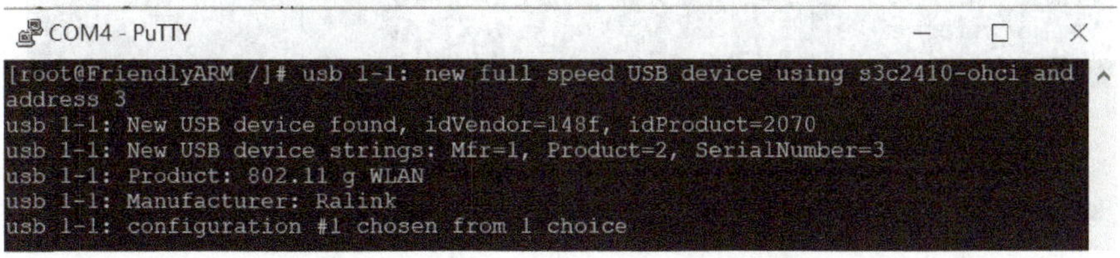

图 3-24　USB 无线网卡驱动提示信息

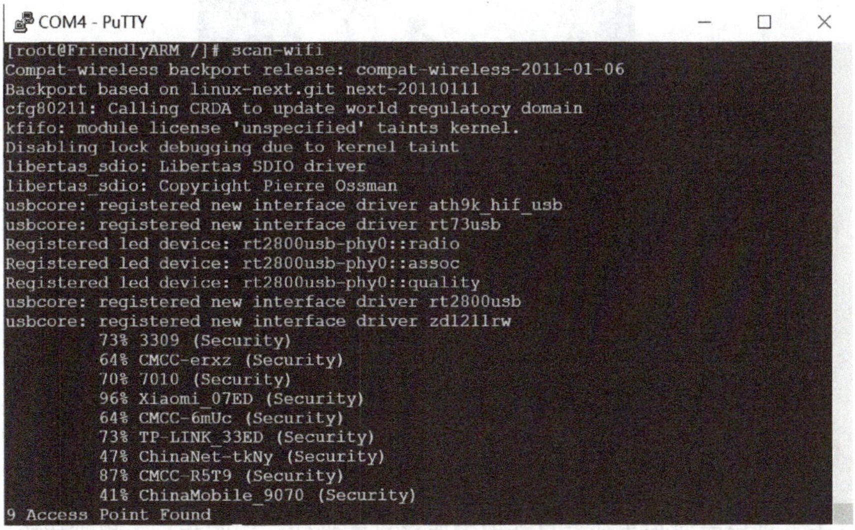

图 3-25　扫描 WiFi 无线网络

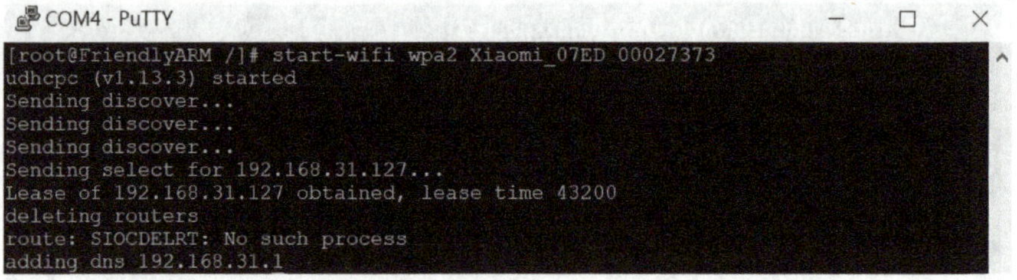

图 3-26 接入室内 WiFi 路由器

3. 室内场景无线监控

如图 3-27 所示，在目标板串口终端使用 ping□192.168.31.9 命令测试计算机与目标板通信是否正常。"192.168.31.9"为接入同一路由器的计算机终端 IP 地址，通信正常就可在计算机上通过浏览器访问目标板的摄像头并监控室内场景，Mini2440 只有一个 USB 接口，现已被无线网卡占用，因此使用配置启用 Mini2440 的 CMOS 摄像头，然后打开浏览器，输入网址 http://192.168.31.127:8080/stream_simple.html，即可看到如图 3-28 所示室内场景。注意："192.168.31.127"是目标板网址，如果目标板的 IP 地址改变，这里也应相应修改。

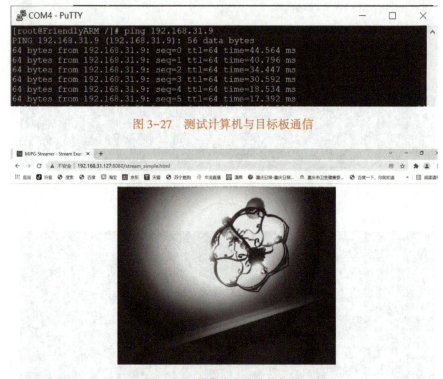

图 3-27 测试计算机与目标板通信

图 3-28 摄像头室内监控场景

拓展阅读　5G 通信技术

物联网中大量传感器收集的海量数据需要通过高带宽、远距离、大规模传输才能有效处理，而第五代（5G）移动通信技术作为具有高速率、低时延和大连接特点的新一代宽带移动通信技术，已成为物联网网络层的关键技术。截至 2022 年 9 月，国内 5G 基站总数已达 222 万个，5G 移动电话用户达 5.1 亿户。目前 5G 技术已与国内行业领域深度融合并成功应用落地，如福建宁德时代的 5G+智慧工厂，通过 5G 网络，实现高速运动视频流 AI 检测、维护预测系统、物流调度系统的智能应用等；晋能控股集团三元煤业采用全新 5G 网络架构，以更经济、更安全、更绿色的建设模式丰富煤矿调度和应急处置能力；北大荒农场打造的 5G 数字农场，通过 5G 技术，打通"人、地、机、物、环"生产作业全要素，贯穿"耕种管收"全环节；天津港打造的 5G 智慧港口，实现智能无人集卡、岸桥远程控制、智能理货、智能加解锁站四大 5G 创新应用等。

项目小结

在这个项目的学习过程中，主要学习了 RS-485 通信的嵌入式设计、CAN 总线接口通信的嵌入式设计、蓝牙无线通信的嵌入式设计和 WiFi 无线通信的嵌入式设计。

习题与练习

一、简答题

1. 简述 RS-485 通信原理。
2. 简述 CAN 总线接口通信原理。
3. 简述蓝牙无线通信原理。
4. 简述 WiFi 无线通信原理。

二、阐述题

1. 说明蓝牙无线通信嵌入式设计步骤。
2. 说明 WiFi 无线通信嵌入式设计步骤。

项目 4　智慧交通——汽车行驶安全传感装置

本项目是物联网嵌入式技术的典型应用场景——智慧交通，通过介绍智慧交通中汽车行驶安全传感装置、GPS 模块、超声波雷达模块及振动传感模块，使读者掌握这些传感器装置嵌入式驱动程序的设计、嵌入式源码编写及编译链接等主要步骤和相关拓展知识。

本项目中 3 个任务均以基于 ARM9 处理器（S3C2440）的 Mini2440 为嵌入式目标开发平台，以 VirtualBox 虚拟机搭建的 Ubuntu 桌面系统构建软件开发环境，以串口、以太网及 USB 接口作为基本硬件调试接口。

素养目标
- 培养学生的综合分析能力
- 培养学生的成本意识

任务 4.1　智慧交通 GPS 模块设计

任务 4.1 智慧交通 GPS 模块设计

 任务描述

1. 任务目的及要求
- 了解 GPS 定位原理及消息格式。
- 了解 GPS 模块硬件设计。
- 熟悉 GPS 定位嵌入式系统实现方法。
- 掌握嵌入式编程实现 GPS 定位流程方法。

2. 任务设备
- 硬件：PC、Mini2440 硬件平台、NEO-6M GPS 模块、串口线、以太网线。
- 软件：VirtualBox 软件、Ubuntu 映像、PuTTY 软件、TFTP 客户端软件。

 **相关知识**

4.1.1　GPS 定位原理与信号结构

1. 测距原理

（1）主动测距与被动测距

设备发射单元发送的测距信号遇到障碍物反射或转发，又回到设备被接收单元收到，从而测量得到信号所传播的距离。这种发送和接收测距信号位于同一位置的测距方式称为主动测距。如军用雷达系统探测敌机采用的就是主动测距方式。反之，如果发送和接收测距信号不位于同一位置则称为被动测距。如在全球定位系统（Global Positioning System，GPS）中，用户接收机天线只需要接收来自卫星的电磁波信号就可以测量其与卫星的距离。因此 GPS 属于被动测距系统。

(2) GPS 伪距测量

现代测距实质上是利用电磁波的传播延迟来推算距离。如果采用主动测距方式需要利用的是往返传播延迟，但要求卫星与用户接收机均具备信号收发能力，这会极大增加设备的复杂程度及硬件成本。被动测距只需利用单程传播延迟，用户接收机只需要接收信号，使得成本极大降低。理想的单程测距要求用户接收机与卫星时钟同步，否则会在单程传播延迟上叠加它们之间时钟的误差，实际上很难实现这两个时钟的完全同步，此外电磁波在传播过程中还会受到电离层干扰。因此基于单程传播时间计算的距离不是真实距离而是伪距。

(3) 伪随机码与伪随机码测距

由于空间中存在各种频段的电磁波信号及噪声干扰，为了抑制噪声，GPS 采用伪随机码测距技术。伪随机码又称为伪噪声码，是一种具有随机统计特性的二进制码序列。在信号接收处于低信噪比的深空通信场合，伪随机编码信号可以极大改善通信的可靠性，还可以实现高性能的保密通信。

根据信号检测相关理论，在功率谱均匀的白噪声条件下，采用相关接收机接收信号是最佳的接收信号方式。相关接收的原理是用本地信号与所接收到的信号进行相关计算，然后通过相关函数的最大值所对应的位置来确定目标的距离，由于叠加噪声与本地信号的相关值极低所以对相关函数最大值的位置影响极小。

检测相关函数输出的极大值需要逐码位地移动本地码进行检测。因此检测到最大值需要一定的捕获时间。且伪随机码越长，所需要的捕获时间就越长。为了缩短捕获时间，GPS 还播发一种短码。因此在实际测距过程中先实现快速的低精度短码捕获同步，再实现高精度测距的长码同步就可以极大提升测距效率。

2. 定位原理

GPS 定位的基本原理是首先测量出卫星到用户接收机之间的距离，然后综合多颗卫星数据计算接收机的准确位置。卫星的位置可根据星载时钟所记录的时间在卫星星历中查出，卫星到用户接收机的距离则通过光速乘以卫星信号在它们之间的传播时间得到。由于大气层电离层的干扰，通过这种方式计算的距离并不是卫星到用户接收机的真实距离，而是伪距。为了更加精确地计算用户的三维位置及减小接收机的时钟偏差，基于伪距方式的测量至少需要接收来自 4 颗卫星的信号，通过互相补偿抵消误差。以 4 颗卫星为例，用户接收机时钟得到 4 颗卫星对应的时间差，从而对应计算 4 个伪距，最后基于 4 个伪距和 4 颗卫星的准确位置，并以用户接收机的三维空间坐标 (x, y, z) 和卫星时钟与用户接收机时钟的偏差 Δt (时钟并不完全同步) 这 4 个未知数构建 4 个方程，解方程组就能得到用户接收机的位置。

3. GPS 信号

GPS 信号一般由频率为 1575.42 MHz 的载波信号通过调相方式调制伪随机噪声码生成。伪随机噪声码有两种：C/A 码和 P 码。C/A 码的码长为 1023 个二进制码元，码速率为 1.023 MHz，即每个码元周期为 $1/1023~\mu s$，P 码要远远长于 C/A 码，码速率达 10.23 MHz。

由于卫星到用户接收机的时间精度与码元速率直接相关，它们之间的距离也与码元速率直接相关，即码元速率越高精度越高，P 码对应的时间精度远高于 C/A 码。

由于用户接收机除了自身与卫星的距离还需要知道卫星的准确位置，因此卫星信号载波上面还会调制一段码元速率为 50 Hz 的导航电文，导航电文总长 1500 个码元，周期发送的时间间隔为 30 s。导航电文的具体信息包括：卫星的轨道参数、时钟参数、轨道修正参数、大气对 GPS 信号折射的修正值等。通过上述参数用户接收机可计算出多个卫星在空间中的位置，再结合距离信息最终计算自身的空间位置坐标。

4.1.2　GPS 模块硬件设计

GPS 模块主要采用了 U-BLOX NEO-6M 模组，该模组是具有高性能 u-blox 6 的独立 GPS 接收机家族定位引擎。考虑到接收器的灵活性及成本，该模块提供了众多的连接选项，16 mm×12.2 mm×2.4 mm 的小型化封装。该模块的架构、电源和内存选项使其成为成本和空间限制非常严格的电池驱动移动设备的理想模块。50 通道的 u-blox 6 定位引擎的首次定位时间（Time To First Fix，TTFF）在 1 s 以下。专用的搜索引擎拥有 200 万个相关器，能够进行大规模的时频空间并行搜索，使其能够立即找到卫星。创新的设计和技术抑制了干扰源，减轻了多径效应，使 NEO-6 GPS 接收机即使在最具挑战性的环境中也具有优异的导航性能。

如图 4-1 所示为 GPS 模块硬件设计，其中 U1 为 GPS 模组，其供电电压为 3.3 V，通过 U2（RT9193-33）电源芯片将输入的 3.3~5 V 电压进行转换得到。如表 4-1 所示，模块的 5 个外接引脚有 PPS、RXD、TXD、GND 及 VCC。其中，PPS 引脚同时连接到模块自带的 PPS 状态指示灯及 U-BLOX NEO-6M 模组的 TIMEPULSE 端口，该端口的输出特性可以通过程序设置。PPS 指示灯在默认条件下有常亮和闪烁两个状态，常亮表示模块已开始工作，但还未实现定位。闪烁（100 ms 灭，900 ms 亮）表示模块已经定位成功。

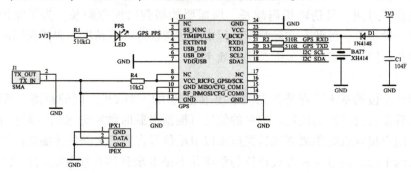

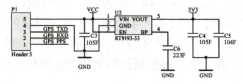

图 4-1　GPS 模块硬件设计

表 4-1　模块引脚说明

引脚号	名称	功能
1	PPS	时钟脉冲输出
2	RXD	模块串口接收脚（TTL 电平，不能直接接 RS-232 电平）
3	TXD	模块串口发送脚（TTL 电平，不能直接接 RS-232 电平）
4	GND	接地
5	VCC	电源（3.3~5 V）

4.1.3 GPS 定位嵌入式实现

GPS 定位嵌入式系统硬件连接如图 4-2 所示，串口 1 的 TTL 电平引脚 TXD、RXD、GND、VCC 引脚依次连接 GPS 模块的 RXD、TXD、GND、VCC 引脚。串口 0 连接 PC 进行监控。

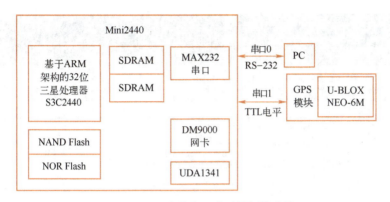

图 4-2 GPS 定位嵌入式系统硬件连接

定位信息指令格式如表 4-2 所示。

表 4-2 定位信息指令格式

$GPGGA,(1),(2),(3),(4),(5),(6),(7),(8),(9),M,(10),M,(11),(12)*hh(CR)(LF)
(1) UTC 时间，格式为 hhmmss.ss；
(2) 纬度，格式为 ddmm.mmmmm（度分格式）；
(3) 纬度半球，N 或 S（北纬或南纬）；
(4) 经度，格式为 dddmm.mmmmm（度分格式）；
(5) 经度半球，E 或 W（东经或西经）；
(6) GPS 状态，0=未定位，1=非差分定位，2=差分定位；
(7) 正在使用的用于定位的卫星数量（00~12）
(8) HDOP 水平精确度因子（0.5~99.9）
(9) 海拔高度（-9999.9~9999.9 m）
(10) 大地水准面高度（-9999.9~9999.9 m）
(11) 差分时间（从最近一次接收到差分信号开始的秒数，非差分定位，此项为空）
(12) 差分参考基站标号（0000 到 1023，首位 0 也将传送，非差分定位，此项为空）

 **任务实施**

将嵌入式 GPS 系统中的核心板 Mini2440 串口 1 与 GPS 传感器模块串口用杜邦线进行硬件连接并上电，由于嵌入式 Mini2440 与 GPS 传感器的通信方式是串口 TTL 电平，因此宿主机中的软件开发实施步骤是：①将串口驱动编译进内核；②编辑 GPS 信息获取源码及 Makefile 文件并编译生成可执行文件，再将执行文件通过 FTP 方式发送到目标板；③通过 telnet 方式登录目标板运行程序。

1. 编译生成串口驱动

在 Ubuntu 终端进入 Linux 内核源码目录 linux-2.6.32.2，输入命令 make□menuconfig，即出现如图 4-3 所示内核配置界面，选择菜单"Device Drivers→character device→Serial drivers→Samsung S3C2440/S3C2442 Serial port support"命令，并输入"Y"将其编译进内核，确保目标板中已烧录的内核具有上述配置，否则需要更新内核。

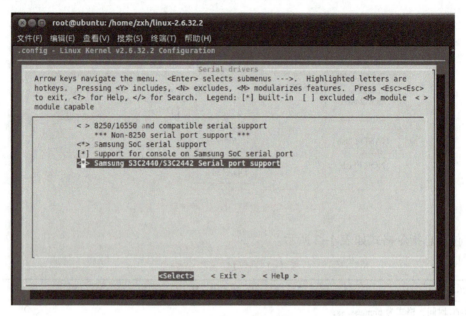

图 4-3 串口驱动配置

2. 软件设计

应用层程序 gps.c 主要实现串口 1 的信息接收及 GPS 信息帧的具体解析。串口设备文件名为"/dev/ttySAC1"，即 *DeviceName = "/dev/ttySAC1"，默认串口波特率设置为 9600 bit/s，即 DeviceSpeed = B9600。定义数组 gps_info[220] 存放 GPS 信息帧，Longitude[11] 存放经度信息，Latitude[11] 存放纬度信息。由于经纬度信息都存放在 $GPGGA 开头的信息帧中，因此解析过程中首先找到这个信息头，然后再标记以','间隔的信息字段具体位置，最后获取经度字段信息和纬度字段信息并输出。

```
/* gps.c */
# include <stdio.h>
# include <stdlib.h>
# include <termio.h>
# include <unistd.h>
# include <fcntl.h>
# include <getopt.h>
# include <time.h>
# include <errno.h>
# include <string.h>

static inline void WaitFdWriteable( int Fd)
```

```c
{
    fd_set WriteSetFD;
    FD_ZERO(&WriteSetFD);
    FD_SET(Fd, &WriteSetFD);
    select(Fd + 1, NULL, &WriteSetFD, NULL, NULL);
}

int main(intargc, char **argv)
{
    int CommFd, TtyFd;
    struct termios TtyAttr;
    struct termios BackupTtyAttr;
    int DeviceSpeed = B9600;
    int TtySpeed = B9600;
    int ByteBits = CS8;
    const char *DeviceName = "/dev/ttySAC1";
    const char *TtyName = "/dev/tty";
    char gps_info[220],gapvec[14],Longitude[11],Latitude[11];
    int i,ind=0;
    int gapind=0;

    CommFd = open(DeviceName, O_RDWR, 0);
    if (CommFd < 0)
    printf("Unable to open device");
    fcntl(CommFd, F_SETFL, O_NONBLOCK);
    memset(&TtyAttr, 0, sizeof(struct termios));
    TtyAttr.c_iflag = IGNPAR;
    TtyAttr.c_cflag = DeviceSpeed | HUPCL | ByteBits | CREAD | CLOCAL;
    TtyAttr.c_cc[VMIN] = 1;
    tcsetattr(CommFd, TCSANOW, &TtyAttr);
    TtyFd = open(TtyName, O_RDWR | O_NDELAY, 0);
    if (TtyFd < 0)
    printf("Unable to open tty");
    TtyAttr.c_cflag = TtySpeed | HUPCL | ByteBits | CREAD | CLOCAL;
    tcgetattr(TtyFd, &BackupTtyAttr);
    tcsetattr(TtyFd, TCSANOW, &TtyAttr);
    for (;;) {
    unsigned char Char = 0;
    fd_setReadSetFD;
    FD_ZERO(&ReadSetFD);
    FD_SET(CommFd, &ReadSetFD);
    FD_SET(TtyFd, &ReadSetFD);
#define max(x,y) ( ((x) >= (y)) ? (x) : (y) )
    select(max(CommFd, TtyFd) + 1, &ReadSetFD, NULL, NULL, NULL);
#undef max
    if (FD_ISSET(CommFd, &ReadSetFD)) {
        while (read(CommFd, &Char, 1) == 1) {
          WaitFdWriteable(TtyFd);
```

```
        if(Char=='$')
        {
            ind=0;
            if((gps_info[0]=='G')&&(gps_info[1]=='P')&&(gps_info[2]=='G')&&(gps_info[3]=='G')
        &&(gps_info[4]=='A'))
            {
                gapind=0;
                for(i=0;i<200;i++)
                {
                    if((gps_info[i]==',') && (gapind < 14))
                    {
                        gapvec[gapind]=i;
                        gapind=gapind+1;
                    }
                }
                if((gapvec[2]-gapvec[1])==1)
                    printf("Longitude:NULL,Latitude:NULL\r\n");
                else
                {
                    for(i=0;i<10;i++)
                    {
                        Longitude[i]=gps_info[gapvec[3]+1+i];
                        Latitude[i]=gps_info[gapvec[1]+1+i];
                    }
                    Longitude[10]='\0';
                    Latitude[10]='\0';
                    printf("Longitude:%c%s, Latitude:%c%s\r\n",gps_info[gapvec[4]+1],Longitude,gps_info[gapvec[2]+1],Latitude);
                }
            }
        }
        else
        {
            gps_info[ind]=Char;
            ind=ind+1;
        }
    }
}
return 0;
}
```

3. 编译链接生成可执行文件

如图 4-4 所示，编辑 Makefile 文件，交叉编译器为 arm-linux-gcc，生成源程序 gps.c 对应的可执行文件 gps。

如图 4-5 所示，将编辑好的 C 源程序 gps.c 与 Makefile 文件放在同一个文件夹中，然后打开 Ubuntu 系统终端，进入该目录，使用命令 ls 可查看目录内所有文件信息，再使用命令 make 进行编译、链接，生成执行文件 gps。

```
Makefile
CROSS=arm-linux-

all: gps

gps: gps.c
	$(CROSS)gcc -Wall -O3 -o gps gps.c

clean:
	@rm -vf gps *.o *~
```

图 4-4　编辑 Makefile 文件

```
root@ubuntu: /mnt/shared/mini2440_source code/examples/GPS
文件(F)  编辑(E)  查看(V)  搜索(S)  终端(T)  帮助(H)
root@ubuntu:/mnt/shared/mini2440_source code/examples/GPS# ls
gps.c  Makefile
root@ubuntu:/mnt/shared/mini2440_source code/examples/GPS# make
arm-linux-gcc -Wall -O3 -o gps gps.c
root@ubuntu:/mnt/shared/mini2440_source code/examples/GPS# ls
gps  gps.c  Makefile
```

图 4-5　编译、链接，生成执行文件

4. 任务结果及数据

如图 4-6 所示，将执行文件 gps 通过 FTP 方式发送到目标机，在目标机终端中执行命令 chmod□777□gps 将执行文件属性改为所有用户可执行，并输入命令 ./gps 运行。当 GPS 模块成功获取定位，可观察到实时定位信息如“Longitude：E10633.8312，Latitude：N2929.60220”，表示位置处于东经 106°33′，北纬 29°29′。

```
192.168.1.230 - PuTTY
[root@FriendlyARM plg]# chmod 777 gps
[root@FriendlyARM plg]# ./gps
Longitude:E10633.8312, Latitude:N2929.60220
Longitude:E10633.8329, Latitude:N2929.60156
Longitude:E10633.8319, Latitude:N2929.60214
Longitude:E10633.8314, Latitude:N2929.60259
Longitude:E10633.8309, Latitude:N2929.60288
Longitude:E10633.8307, Latitude:N2929.60312
Longitude:E10633.8307, Latitude:N2929.60320
[root@FriendlyARM plg]#
```

图 4-6　运行 GPS 程序获取经纬度信息

任务 4.2　超声波测距模块设计

任务 4.2　超声波测距模块设计

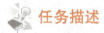

任务描述

1. 任务目的及要求

- 了解超声波测距模块工作原理。
- 熟悉超声波测距模块选型参数。
- 熟悉超声波测距嵌入式系统设计方法。
- 掌握嵌入式编程实现超声波测距。

2. 任务设备

- 硬件：PC、Mini2440 硬件平台、IOE-SR05 超声波模块、串口线、以太网线。
- 软件：VirtualBox 软件、Ubuntu 映像、PuTTY 软件、TFTP 客户端软件。

相关知识

4.2.1 超声波测距模块工作原理

超声波是一种波长短于2 cm的机械波,因其超过了人类听觉上限而得名(人类耳朵能听到的机械波波长为2 cm~20 m)。超声波具有指向性强,能量消耗慢,在介质中传播距离远的物理特性,因此常用于距离测量。超声波测距模块具有计算简单、成本低廉、易于实时控制的优点,且在测量精度上能满足特定场景的基本需求,因此在工业领域有广泛用途,特别是成为汽车等交通运输领域的基本配置。

1. 超声波发生器

超声波发生器是超声波测距模块上的核心部件,目前常用的有压电式、电容式、电磁声式等。它们所产生的超声波频率、功率和声波特性有所差异,目前压电式超声波发生器结构原理较为简单,市场上应用比例很大,因此本项目选用的超声波测距模块也是压电式的。

2. 压电式超声波发生器原理

压电式超声波发生器一般利用压电晶体或压电陶瓷的压电效应产生超声波。发生器内部结构由两个压电晶片和一个共振板构成。当压电晶片两极外加的脉冲信号频率等于压电晶片固有振荡频率时,压电晶片将会发生共振并带动共振板振动,从而产生超声波。反之共振板可以将接收到的超声波转化为压电晶片振动,将机械能转换为电信号,因此压电式结构可构造超声波接收器。

3. 超声波测距原理

超声波测距的原理是利用超声波在空气中传播速度已知,超声波发射后遇到障碍物再反射回来被接收到,根据发射和接收的时间差可计算出发射点到障碍物的实际距离。由此可见,超声波测距原理与雷达测距是类似的,所以又叫超声波雷达。具体流程为超声波产生器向某一方向发射超声波,从发射时刻开始计时,超声波通过空气传播遇到障碍物返回后被超声波接收器收到,然后停止计时,此时计时器的时间为 t。已知超声波在空气中的传播速度为340 m/s,就可计算出发射点距离障碍物的距离 s,即:$s = 340t/2$。这就是所谓的时间差测距法。

4.2.2 超声波测距模块选型

本次任务中选用的超声波测距模块型号为IOE-SR05,该模块可提供0~2000 mm的非接触式距离感测功能,包括超声波发射器、接收器与控制电路。当模块连接电源后,间隔18 ms进行一次测距,完成测距后以串口TTL电平形式输出距离值。超声波模块电气参数如表4-3所示。

表4-3 超声波模块电气参数

工作电压	DC 3.0~5.5 V
工作电流	8 mA
工作频率	40 kHz
测距范围	0~2000 mm
分辨率	1 mm

(续)

测量角度	约 60°
串口波特率	9600 bit/s
响应周期	18 ms
规格尺寸	33 mm×17 mm×15 mm

4.2.3 超声波测距嵌入式设计实现

超声波测距嵌入式系统设计如图 4-7 所示，串口 1 的 TTL 电平引脚 TXD、RXD、GND、VCC 引脚依次连接 IOE-SR05 模块的 RXD、TXD、GND、VCC 引脚。串口 0 连接 PC 进行监控。

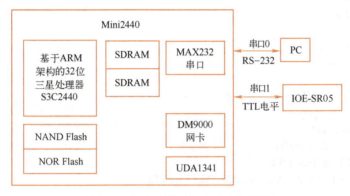

图 4-7　超声波测距嵌入式系统设计

模块每次输出 4 B（有数据才输出），格式为

0XFF+H_DATA+L_DATA+SUM

- 0XFF：为一组开始数据，用于判断。
- H_DATA：距离数据的高 8 位。
- L_DATA：距离数据的低 8 位。
- SUM：数据和，用于校验。其 0XFF+H_DATA+L_DATA=SUM（仅低 8 位）

注：H_DATA 与 L_DATA 合成 16 位数据，即以毫米为单位的距离值，即

H_DATA * 256 +L_DATA

 任务实施

将嵌入式超声波测距系统中的核心板 Mini2440 串口 1 与超声波测距传感器模块串口用杜邦线进行硬件连接并上电，由于嵌入式 Mini2440 与超声波测距传感器的通信方式是串口 TTL 电平，因此宿主机中的软件开发实施步骤：①将串口驱动编译进内核；②编辑超声波测距源码及 Makefile 文件并编译生成可执行文件，再将执行文件通过 FTP 方式发送到目标板；③通过 telnet 方式登录目标板运行程序。

1. 软件设计

应用层程序 ultrasonic.c 主要实现串口 1 的信息接收及 GPS 信息帧的具体解析。串口设备文件名为"/dev/ttySAC1"，即 * DeviceName = "/dev/ttySAC1"，默认串口波特率设置为

9600 bit/s，即 DeviceSpeed = B9600。定义数组 dist_array[4]存放超声波传感器传回的信息帧，因帧头字节为 0XFF，将其作为起始标志，取出第 2 字节和第 3 字节合并为 16 bit 数据作为测距距离返回，距离计算语句为 distance = dist_array[0] * 256+dist_array[1]。此外由于超声波测距超过极限会返回固定信息，第二、三字节均为 170，故判断 distance = 170×256+170 = 43 690 即为超过量程。

```c
/* ultrasonic.c */
# include <stdio.h>
# include <stdlib.h>
# include <termio.h>
# include <unistd.h>
# include <fcntl.h>
# include <getopt.h>
# include <time.h>
# include <errno.h>
# include <string.h>

static inline void WaitFdWriteable(int Fd)
{
    fd_set WriteSetFD;
    FD_ZERO(&WriteSetFD);
    FD_SET(Fd, &WriteSetFD);
    select(Fd + 1, NULL, &WriteSetFD, NULL, NULL);
}
int main(int argc, char **argv)
{
    int CommFd, TtyFd;
    struct termios TtyAttr;
    struct termios BackupTtyAttr;
    int DeviceSpeed = B9600;
    int TtySpeed = B9600;
    int ByteBits = CS8;
    const char *DeviceName = "/dev/ttySAC1";
    const char *TtyName = "/dev/tty";
    char dist_array[4];
    int ind = 0;
    int shownum = 0;
    int distance;

    CommFd = open(DeviceName, O_RDWR, 0);
    if (CommFd < 0)
    printf("Unable to open device");
    fcntl(CommFd, F_SETFL, O_NONBLOCK);
    memset(&TtyAttr, 0, sizeof(struct termios));
    TtyAttr.c_iflag = IGNPAR;
    TtyAttr.c_cflag = DeviceSpeed | HUPCL | ByteBits | CREAD | CLOCAL;
    TtyAttr.c_cc[VMIN] = 1;
    tcsetattr(CommFd, TCSANOW, &TtyAttr);
```

```c
        TtyFd = open(TtyName, O_RDWR | O_NDELAY, 0);
        if (TtyFd < 0)
        printf("Unable to open tty");
        TtyAttr.c_cflag = TtySpeed | HUPCL | ByteBits | CREAD | CLOCAL;
tcgetattr(TtyFd, &BackupTtyAttr);
        tcsetattr(TtyFd, TCSANOW, &TtyAttr);
        for (;;) {
    unsigned char Char = 0;
    fd_setReadSetFD;
    FD_ZERO(&ReadSetFD);
    FD_SET(CommFd, &ReadSetFD);
    FD_SET(TtyFd, &ReadSetFD);
#define max(x,y) (((x) >= (y)) ? (x) : (y))
    select(max(CommFd, TtyFd) + 1, &ReadSetFD, NULL, NULL, NULL);
#undef max
if (FD_ISSET(CommFd, &ReadSetFD)) {
    while (read(CommFd, &Char, 1) == 1) {
        WaitFdWriteable(TtyFd);
        if(Char == 0xff)
        {
            ind=0;
        }
        else
        {
        dist_array[ind]=Char;
        ind=ind+1;
        }
        if((ind==3) && (dist_array[2]=(dist_array[0]+dist_array[1]-1)))
        {
        distance=dist_array[0]*256+dist_array[1];
        shownum=shownum+1;
        if(shownum==100)
        {
        if(distance==43690)
        printf("outrange !!!\r\n");
        else
        printf("%dmm\r\n",distance);
        shownum=0;
        }
        }
        }
        }
        }
        }
        return 0;
        }
```

2. 编译链接生成可执行文件

如图 4-8 所示，编辑 Makefile 文件，交叉编译器为 arm-linux-gcc，生成源程序 ultrasonic.c 对应的可执行文件 ultrasonic。

```
CROSS=arm-linux-

all: ultrasonic

ultrasonic: ultrasonic.c
	$(CROSS)gcc -Wall -O3 -o ultrasonic ultrasonic.c

clean:
	@rm -vf ultrasonic *.o *~
```

图 4-8　编辑 Makefile 文件

如图 4-9 所示，将编辑好的 C 源程序 ultrasonic. c 和 Makefile 文件放在同一个文件夹中，然后打开 Ubuntu 系统终端，进入该目录，使用命令 ls 可查看目录内所有文件信息，再使用命令 make 进行编译、链接，生成执行文件 ultrasonic。

```
root@ubuntu:/mnt/shared/mini2440_source code/examples/ultrasonic# ls
Makefile  ultrasonic.c
root@ubuntu:/mnt/shared/mini2440_source code/examples/ultrasonic# make
arm-linux-gcc -Wall -O3 -o ultrasonic ultrasonic.c
root@ubuntu:/mnt/shared/mini2440_source code/examples/ultrasonic# ls
Makefile  ultrasonic  ultrasonic.c
root@ubuntu:/mnt/shared/mini2440_source code/examples/ultrasonic#
```

图 4-9　编译、链接，生成执行文件

3. 任务结果及数据

将执行文件 ultrasonic 通过 FTP 方式发送到目标机，如图 4-10 所示，在目标机终端中执行命令 chmod□777□ultrasonic 将执行文件属性改为所有用户可执行，并输入命令 ./ultrasonic 运行。超声波模块定时回传信息，当前方无障碍物或障碍物较远时打印 “outrange!!!” 表示超出量程，如果在测距范围内，则输出 65 mm、70 mm 等距离信息。

```
[root@FriendlyARM plg]# chmod 777 ultrasonic
[root@FriendlyARM plg]# ./ultrasonic
outrange !!!
outrange !!!
outrange !!!
65mm
70mm
75mm
60mm
```

图 4-10　运行超声波测距程序获取距离信息

任务 4.3　振动传感模块设计

任务 4.3 振动传感模块设计

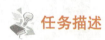

任务描述

1. 任务目的及要求

- 了解振动测量原理。
- 熟悉振动传感器模块硬件设计。

- 熟悉振动传感器嵌入式驱动设计。
- 熟悉振动传感嵌入式系统设计方法。
- 掌握嵌入式编程实现振动传感。

2. 任务设备

- 硬件：PC、Mini2440 硬件平台、SW-18015P 振动传感器、串口线、以太网线。
- 软件：VirtualBox 软件、Ubuntu 映像。

相关知识

4.3.1 振动测量原理

1. 振动传感器原理

振动传感器的基本原理是将机械量转换为与之成比例的电学量。首先将要测量的机械量作为振动传感器的输入量，然后由机械接收单元接收形成另一个适合变换的机械量，最后由机电变换单元将其转化为电学量。因此振动传感器的工作性能是由机械接收单元和机电变换单元的工作性能共同决定的。由于它本质上是一种机电转换装置，也称为换能器或拾振器等。

（1）相对式机械接收原理

机械运动是物质运动的最基本形式，因此测量振动采用机械方法最简单易行，如机械式测振仪（盖格尔测振仪）便是机械测振的典型设备。测振传感器的机械测振原理是在测量时把仪器固定在不动的支架上，借助弹簧的弹力使传感器触杆与被测物体表面相接触，并与被测物体的振动方向一致，当物体振动时触杆就跟随它一起运动。测振仪器中的触杆连接了记录笔杆，因此会在移动的纸带上描绘出振动物体的位移随时间的变化曲线，根据该记录曲线可计算出振动位移大小及频率等参数。

由此可见，相对式机械接收装置测量的是被测物体相对于参考物的相对振动，当参考物不动时才能准确测量被测物体的振动，如果无法找到不动的参考点时就无法使用这种方式进行测量。如在行驶的列车上测试列车的振动，在地震发生时测量地面及楼房的振动等，都不存在一个不动的参考点。此时需要换一种测量方式，即使用惯性式机械接收原理进行测振。

（2）惯性式机械接收原理

惯性式机械测振的原理是将测振装置直接固定在被测振动物体的测点上，当传感器外壳随被测振动物体运动时，传感器内有弹性支承的惯性质量块保持相对稳定，它将与外壳发生相对运动。采用惯性式机械接收原理的测振仪器中的惯性质量块上安装有记录笔，可记录下相对振动的位移幅值，最后得到被测物体随时间变化的振动位移波形。目前广泛使用的振动传感器中的惯性质量块连接机电变换单元，将位移转化为等比例的电压信号。

2. 振动传感器分类

振动传感器按机械接收方式的不同可分为相对式和惯性式两种，前面已经做了具体分析，但从机电变换的方式进行划分种类就比较多。这是由于传感器内部机电变换原理及输出的电学量不尽相同导致的。有些传感器是将机械振动量的变化转化为电动势及电荷的变化，有些是将机械振动量的变化转化为电阻、电感的变化。但由于电气信号兼容问题，这些电学量的变化并不能直接被后续的分析仪器所显示，所以传感器还需要配备专用的测量线路模块，该模块一般是将机电变换单元输出的电学量变化转化为通用的电压信号，如数字化的

TTL电平等。振动传感器按照机电变换的方式还可以分为以下几类。

（1）电动式传感器

电动式传感器基于运动导体切割磁力线产生感应电动势的电磁感应原理进行机械能到电能的转化，在机械接收原理上是一个位移传感器，在机电变换上利用电磁感应，其产生的电动势同被测振动速度成正比，所以它可作为速度传感器用于速度的测量。惯性电动式传感器是广泛使用的电动式传感器，内部由固定部分、可动部分以及支承弹簧组成。在制造时要求可动部分的质量足够大，而支承弹簧的刚度应该足够小，从而更有利于振动的测量。

（2）涡电流式传感器

基于法拉第电磁感应定律，金属导体位于变化磁场中会产生涡电流，因此涡电流式传感器是一种非接触传感器，传感器端部与被测物体之间的距离变化会导致涡电流大小改变，从而反映测量物体的振动位移变化。该类型传感器具有非接触、频率范围宽（0~10 kHz）、灵敏度高等特点，多用于测量旋转机械中转轴的振动测量。

（3）电容、电感式传感器

电容、电感式传感器把被测的机械振动参数变化转换成为电容、电感等电参量信号的变化。电容式传感器一般分为可变间隙式和可变公共面积式两种类型；电感式传感器一般分为可变间隙和可变导磁面积两种类型。

（4）电阻应变式传感器

电阻应变式传感器将被测的机械振动量转换成传感元件的电阻变化量。实现这种机电转换的传感元件有多种形式，其中最常见的是电阻应变片。电阻应变片粘贴在某测试件上时，测试件受力变形，应变片长度变化从而导致阻值变化，在测试件的弹性变化范围内，应变片电阻的相对变化和其长度的相对变化成正比。

（5）压电式传感器

压电式传感器的机械接收单元基于惯性式机械接收原理，机电变换单元基于压电晶体的正压电效应。某些压电晶体材料（人工极化陶瓷、压电石英晶体等）在一定方向的外力作用下或承受变形时，晶体面或极化面上将有电荷产生，这种从机械能到电能的变换称为正压电效应。而从电能到机械能的变换称为逆压电效应。在振动测量时，由于压电晶体所受的力是惯性质量块的牵连力，所产生的电荷数与惯性质量块加速度大小成正比，所以压电式传感器可用作测量加速度。

（6）激光式传感器

激光式传感器是利用激光技术进行测量的传感器。它由激光器、激光检测器和测量电路组成。激光式传感器是新型测量仪表，它的优点是能实现无接触远距离测量，速度快，精度高，量程大，抗光、电干扰能力强等，适合工业领域非接触测量应用。

3. 振动检测系统组成

（1）换能器

将被测的机械振动能量转换为机械的、光学的或电的信号，一般采用相对式机械接收原理或惯性式机械接收原理，即振动传感器的主体部分，前文已有介绍。

（2）测量线路

测量线路的种类较多，一般根据不同类型传感器的变换原理设计。比如与压电式传感器配合的测量线路有电压放大器、电荷放大器等；此外，还有积分线路、微分线路、滤波线路、归一化装置等实现信号的整形变换。

（3）信号分析及显示

从测量线路输出的电压信号，可按测量的要求输出到电压表、示波器、相位计等显示仪器或光线示波器、磁带记录仪、X—Y 记录仪等记录设备。也可先将信号存储下来再输入到信号分析仪进行各种分析处理，从而得到最终结果。

4. 振动传感器在汽车中的应用

振动传感器常用于机械的振动监测，不同机械设备都规定了正常的振动幅度标准，如果监测到设备振动超出这个标准范围，那么设备很可能有故障，因此振动传感器在一定程度上可以起到保护作用。振动传感器目前比较常见的应用就是用于汽车报警检测，通过其内部的惯性式电动传感器检测机械振动的参数（如振动速度、频率、加速度等），然后通过其中的换能元件将机械振动转换为便于转换和存储的电信号。

振动传感器可以监测车体特殊频带的振动，并且可以在车体受到外力损坏时发出警报。如果有人撞击或移动车体，传感器可向控制器发出一个指示振动强度的信号，若振动强度超过预先设定的阈值，控制器将发出"嘟嘟"的警报声。

4.3.2 振动传感器模块硬件设计

1. 关键传感器 SW-18015P

SW-18015P 为机械式振动传感器，外部软管材料为 ABS 塑料，内部弹簧材质为磷铜线，采用环氧树脂密封，使用寿命达 20 万振动次数以上。

2. 模块硬件设计

如图 4-11 所示为振动传感器模块硬件设计。SW-18015P 振动传感器一旦受到外部振动，开关 K1 就闭合，比较器 LM393（U1）的输入引脚 INA+被拉到低电平，同时引脚 INA+输入信号与 INA-的参考电平进行比较，引脚 OUTA 输出低电平，参考电平 INA-可通过电位器 R2 手动调节，从而控制振动输出的灵敏度。

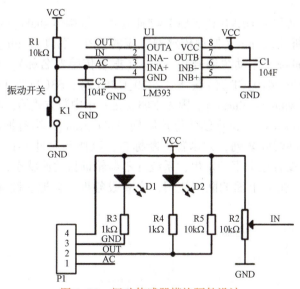

图 4-11　振动传感器模块硬件设计

4.3.3 振动传感器嵌入式驱动设计

振动传感器驱动程序分析如下。

(1) 驱动程序包含的头文件

头文件包括系统内核相关驱动头文件 module.h、内核头文件 kernel.h、设备驱动数据结构头文件 fs.h、模块初始化头文件 init.h、延时头文件 delay.h、轮询机制头文件 poll.h、中断处理相关头文件 irq.h、interrupt.h、处理器入口头文件 uaccess.h、S3C2440 处理器的 I/O 寄存器头文件 regs-gpio.h、通用 I/O 头文件 gpio.h、硬件平台设备头文件 hardware.h 和 platform_device.h、字符设备驱动头文件 cdev.h、设备驱动注册头文件 miscdevice.h、任务调度头文件 sched.h。

```
/* mini2440_shake.c */
#include <linux/module.h>
#include <linux/kernel.h>
#include <linux/fs.h>
#include <linux/init.h>
#include <linux/delay.h>
#include <linux/poll.h>
#include <linux/irq.h>
#include <linux/interrupt.h>
#include <asm/uaccess.h>
#include <mach/regs-gpio.h>
#include <linux/gpio.h>
#include <mach/hardware.h>
#include <linux/platform_device.h>
#include <linux/cdev.h>
#include <linux/miscdevice.h>
#include <linux/sched.h>
```

(2) 宏定义及全局变量

宏定义中的设备名称为 DEVICE_NAME="shake"。结构体 shake_irq_desc 的成员包括 irq（振动传感器对应中断号）、pin（振动传感器对应的 GPIO 端口）、pin_setting（振动传感器对应引脚描述）、number（振动源编号）、name（振动传感器名称）。在结构体实例中初始化 3 个 GPIO 中断：S3C2410_GPG(1)、S3C2410_GPG(2)、S3C2410_GPG(4)。初始化振动源对应的初始状态值 source_values[]。因为本驱动是基于中断方式的，所以定义宏 DECLARE_WAIT_QUEUE_HEAD(shake_waitq) 创建等待队列 shake_waitq；当有振动事件发生并读取到振动源编号时，将会唤醒此队列，并设置中断标志，以便能通过 read 函数判断和读取源编号传递到用户态；当没有振动事件发生，系统并不会轮询振动源状态，以节省时钟资源。中断标识变量 ev_press，配合上面的队列使用，中断服务程序会把它设置为 1，read 函数会把它清零。

```
#define DEVICE_NAME     "shake"
struct shake_irq_desc {
    int irq;
    int pin;
    int pin_setting;
```

```
    int number;
    char *name;
};
static struct shake_irq_desc shake_irqs[] = {
    {IRQ_EINT9,  S3C2410_GPG(1),  S3C2410_GPG1_EINT9, 0, "SOURCE0"},
    {IRQ_EINT10, S3C2410_GPG(2),  S3C2410_GPG2_EINT10, 1, " SOURCE 1"},
    {IRQ_EINT12, S3C2410_GPG(4),  S3C2410_GPG0_EINT12, 2, " SOURCE 3"},
};
static volatile charsource_values[] = {'0', '0', '0'};
static DECLARE_WAIT_QUEUE_HEAD(shake_waitq);
static volatile int ev_press = 0;
```

(3) GPIO 中断服务函数

中断服务函数的处理过程为：获取振动源状态，状态改变，则振动发生。当振动没发生时，寄存器的值为 1（上拉）；振动发生时，寄存器对应的值为 0，如果振动来自振动源 source1，则 source_value[0] 就变为 '1'，对应的 ASCII 码为 31，设置中断标志为 1，唤醒等待队列。

```
static irqreturn_t shake_interrupt(int irq, void *dev_id)
{
    struct shake_irq_desc *shake_irqs = (struct shake_irq_desc *)dev_id;
    int down;

    down = !s3c2410_gpio_getpin(shake_irqs->pin);
    if (down != (source_values[shake_irqs->number] & 1)) { // Changed
    source_values[shake_irqs->number] = '0' + down;
    ev_press = 1;
    wake_up_interruptible(&shake_waitq);
    }
    return IRQ_RETVAL(IRQ_HANDLED);
}
```

(4) 驱动层打开及关闭函数

s3c24xx_shake_open 在应用程序执行 open("/dev/shake",…)时会调用，作用主要是注册 3 个振动源的中断。中断类型为 IRQ_TYPE_EDGE_BOTH，也就是双沿触发，在上升沿和下降沿均会产生中断，这样做是为了更加有效地判断振动源状态。s3c24xx_shake_close 对应应用程序的系统调用 close(fd)函数，主要作用是当关闭设备时释放 3 个振动源的中断处理函数。

```
static int s3c24xx_shake_open(struct inode *inode, struct file *file)
{
    int i;
    int err = 0;

    for (i = 0; i < sizeof(shake_irqs)/sizeof(shake_irqs[0]); i++) {
if (shake_irqs[i].irq < 0) {
        continue;
}
```

```
        err = request_irq(shake_irqs[i].irq, shake_interrupt, IRQ_TYPE_EDGE_BOTH,
                 shake_irqs[i].name, (void *)&shake_irqs[i]);
        if (err)
            break;
    }

    if (err) {
        i--;
        for (; i >= 0; i--) {
    if (shake_irqs[i].irq < 0) {
     continue;
    }
    disable_irq(shake_irqs[i].irq);
            free_irq(shake_irqs[i].irq, (void *)&shake_irqs[i]);
        }
        return -EBUSY;
    }

    ev_press = 1;
    return 0;
}

static int s3c24xx_shake_close(struct inode *inode, struct file *file)
{
    int i;
    for (i = 0; i < sizeof(shake_irqs)/sizeof(shake_irqs[0]); i++) {
if (shake_irqs[i].irq < 0) {
    continue;
}
free_irq(shake_irqs[i].irq, (void *)& shake_irqs[i]);
    }
    return 0;
}
```

(5) 读数据函数

s3c24xx_shake_read 在应用程序执行 read(fd,…)函数时调用,主要用来向用户空间传递振动源状态。

```
static int s3c24xx_ shake _read(struct file *filp, char __user *buff, size_t count, loff_t *offp)
{
    unsigned long err;

    if (!ev_press) {
if (filp->f_flags & O_NONBLOCK)
    return -EAGAIN;
else
    wait_event_interruptible(shake_waitq, ev_press);
    }
    ev_press = 0;
    err = copy_to_user(buff, (const void *) source_values, min(sizeof(source_values), count));
```

```
        return err ? -EFAULT : min(sizeof(source_values), count);
}
```

(6) 轮询函数

把调用轮询 poll 的进程挂入队列,以便被驱动程序唤醒。

```
static unsigned int s3c24xx_shake_poll( struct file * file, struct poll_table_struct * wait)
{
    unsigned int mask = 0;
    poll_wait(file, &shake_waitq, wait);
    if (ev_press)
        mask |= POLLIN | POLLRDNORM;
    return mask;
}
```

(7) 设备驱动接口

设备操作集,定义驱动设备接口函数。

```
static struct file_operations dev_fops = {
    .owner    =   THIS_MODULE,
    .open     =   s3c24xx_shake_open,
    .release  =   s3c24xx_shake_close,
    .read     =   s3c24xx_shake_read,
    .poll     =   s3c24xx_shake_poll,
};
```

(8) 初始化及注销

设备初始化函数 dev_init(void)主要功能是注册设备,将振动传感器设备注册为 misc 设备,其设备号自动分配。模块初始化函数 module_init,仅在使用 insmod/podprobe 命令加载时有用,如果设备不是通过模块方式加载,此处将不会被调用。当通过 rmmod 命令卸载时调用卸载模块函数 module_exit。MODULE_LICENSE 为声明版权信息,MODULE_AUTHOR 为声明作者信息。

```
static struct miscdevice misc = {
.minor = MISC_DYNAMIC_MINOR,
.name = DEVICE_NAME,
.fops = &dev_fops,
};
static int __init dev_init(void)
{
int ret;
ret = misc_register(&misc);
printk ( DEVICE_NAME" \tinitialized\n" );
return ret;
}
static void __exit dev_exit(void)
{
misc_deregister(&misc);
}
module_init(dev_init);
```

```
module_exit(dev_exit);
MODULE_LICENSE("GPL");
MODULE_AUTHOR("ZXH.");
```

4.3.4　振动传感器嵌入式系统设计

振动传感嵌入式系统硬件连接如图 4-12 所示，Mini2440 的 VCC、GND、GPIO 引脚分别与振动传感器模块的 VCC、GND、DO 引脚连接。串口 0 连接 PC 进行监控。

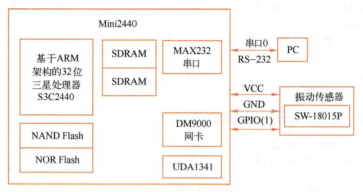

图 4-12　振动传感嵌入式系统硬件连接

 任务实施

将嵌入式振动传感系统中核心板 Mini2440 的 GPIO 相关引脚与振动传感器模块外接引脚用杜邦线进行硬件连接并上电，软件开发实施步骤为：①将振动传感器驱动编译进内核；②编辑振动传感器源码及 Makefile 文件并编译生成可执行文件，再将执行文件通过 FTP 方式发送到目标板；③通过 telnet 方式登录目标板运行程序。

1. 将振动传感器驱动编译进内核

（1）修改 Kconfig 文件

打开 linux-2.6.32.2_fa/drivers/char/Kconfig 文件，并添加振动传感器驱动配置项，如下所示。

```
config MINI2440_shake
    tristate "shake driver for vibration sensor"
    depends on MACH_MINI2440
    default y if MACH_MINI2440
    help
      this is driver for vibration sensor
```

（2）修改 Makefile 文件

打开 linux-2.6.32.2/drivers/char/Makefile 文件，并添加振动传感器驱动编译项，如以下代码中的加粗部分所示。

```
obj-$(CONFIG_MINI2440_BUTTONS)  += mini2440_buttons.o
obj-$(CONFIG_MINI2440_shake)    += mini2440_shake.o
obj-$(CONFIG_MINI2440_BUZZER)   += mini2440_pwm.o
```

（3）重新编译内核

在 Ubuntu 终端进入 linux 内核源码目录 linux-2.6.32.2，输入命令 make□menuconfig，即出现如图 4-13 所示内核配置界面，选择菜单 "Device Drivers→character device→shake driver for vibration sensor" 命令，并输入 "Y" 将其编译进内核，保存设置再退出，确保目标板中已烧录的内核具有上述配置，然后更新内核。

图 4-13　Linux 内核振动传感驱动配置

2. 软件设计

应用层程序 shake.c 主要实现振动传感器信息解析。打开传感器驱动设备文件 "/dev/shake"，程序中定义数组 source_values[3]存放 3 个振动源的状态信息，可同时响应 3 个振动传感器，在无限循环中读取当前振动状态到变量 current_shake，再通过当前振动状态与之前振动源状态比较分析当前振动情况。

```
/* shake.c */
#include <stdio.h>
#include <stdlib.h>
#include <unistd.h>
#include <sys/ioctl.h>
#include <sys/types.h>
#include <sys/stat.h>
#include <fcntl.h>
#include <sys/select.h>
#include <sys/time.h>
#include <errno.h>

int main(void)
{
    int shake_fd;
```

```c
    char source_values[3] = {'0', '0', '0'};

shake_fd = open("/dev/shake", 0);
if (shake_fd < 0) {
    perror("open device shake");
    exit(1);
}

for (;;) {
    char current_shake[3];
    int count_of_changed_source;
    int i;
    if (read(shake_fd, current_shake, sizeof current_shake) != sizeof current_shake) {
        perror("read shake:");
        exit(1);
    }

    for (i = 0, count_of_changed_source = 0; i < sizeof source_values / sizeof source_values[0]; i++) {
        if (source_values[i] != current_shake[i]) {
            source_values[i] = current_shake[i];
            printf("shake happed!!!\n");
            count_of_changed_source ++;
        }
    }
    if (count_of_changed_source) {
        printf("count_of_changed_source :%d\n", count_of_changed_source);
    }
}
close(shake_fd);
return 0;
}
```

3. 编译链接生成可执行文件

如图 4-14 所示，编辑 Makefile 文件，交叉编译器为 arm-linux-gcc，生成源程序 shake.c 对应的可执行文件 shake。

```
1 CROSS=arm-linux-
2
3 all: shake
4
5 shake: shake.c
6        $(CROSS)gcc -o shake shake.c
7
8 clean:
9        @rm -vf shake *.o *~
```

图 4-14　编辑 Makefile 文件

如图 4-15 所示，将编辑好的 C 源程序 shake.c 与 Makefile 文件放在同一个文件夹中，然后打开 Ubuntu 系统终端，进入该目录，使用命令 ls 可查看目录内所有文件信息，再使用命令 make 进行编译、链接,生成执行文件 shake。

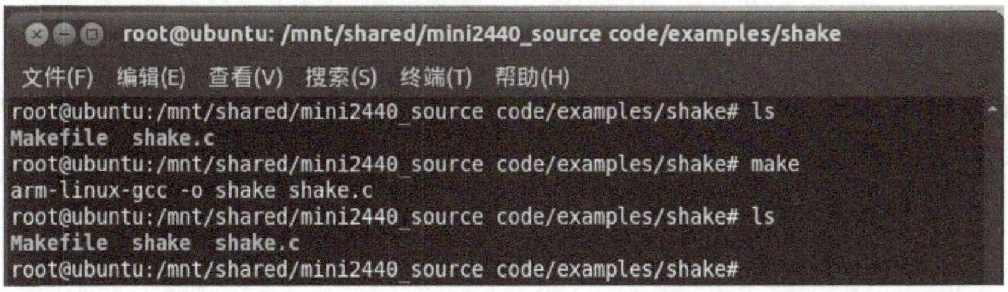

图 4-15 编译、链接,生成执行文件

4. 任务结果及数据

将执行文件 shake 通过 FTP 方式发送到目标机,在目标机终端中执行命令 chmod□777 □shake 将执行文件属性改为所有用户可执行,并输入命令 ./shake 运行。可观察到当发生振动时,终端会提示振动产生并汇报振动次数,如图 4-16 所示。

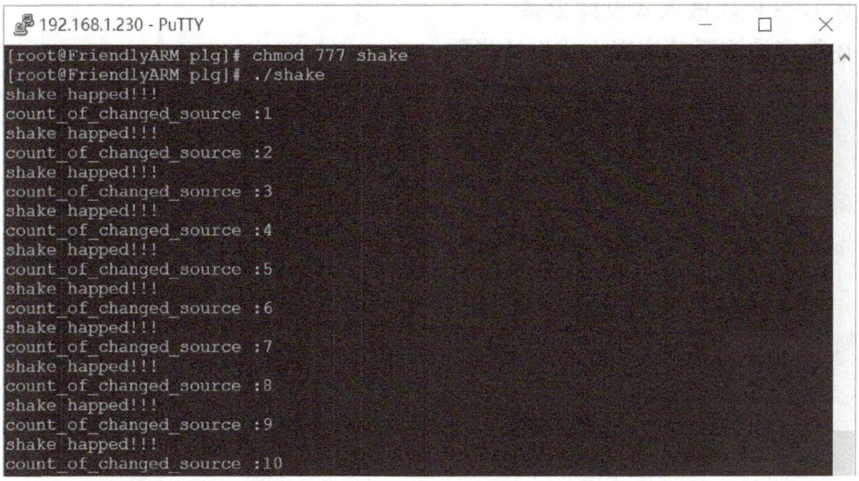

图 4-16 振动传感器测试数据

拓展阅读 北斗卫星导航系统

北斗卫星导航系统是我国着眼于国家安全和经济社会发展需要,自主建设运行的全球卫星导航系统,是为全球用户提供全天候、全天时、高精度的定位、导航和授时服务的国家重要时空基础设施。北斗系统分为空间段、地面段及用户段。北斗系统空间段由若干地球静止轨道卫星、倾斜地球同步轨道卫星和中圆地球轨道卫星等组成。地面段包括主控站、时间同步/注入站和监测站等若干地面站,以及星间链路运行管理设施。用户段包括北斗兼容其他卫星导航系统的芯片、模块、天线等基础产品,以及终端产品、应用系统与应用服务等。

北斗卫星导航系统提供服务以来,已在交通运输、农林渔业、水文监测、气象测报、通信授时、电力调度、救灾减灾、公共安全等领域得到广泛应用,服务国家重要基础设施,产生了显著的经济效益和社会效益。

项目小结

在这个项目的学习过程中，主要学习了 GPS 模块的嵌入式设计、超声波测距模块的嵌入式设计和振动传感模块的嵌入式设计。

习题与练习

一、简答题

1. 简述 GPS 定位原理。
2. 简述超声波测距原理。
3. 简述振动检测原理。

二、阐述题

1. 阐述 GPS 模块嵌入式设计步骤。
2. 阐述超声波测距模块嵌入式设计步骤。

项目 5　智慧农业——温室大棚数据采集装置实现

本项目是物联网嵌入式技术典型的应用场景——智慧农业，通过选用智慧农业中的温室大棚数据采集装置如环境温湿度传感器、光照度数据采集器及土壤酸碱度检测传感器作为主要任务，使读者掌握传感器装置嵌入式驱动程序的设计、嵌入式源码编写及编译、链接等主要步骤和相关拓展知识。

本项目中的 3 个任务均以基于 ARM9 S3C2440 处理器的 Mini2440 为嵌入式目标开发平台，以 VirtualBox 虚拟机搭建的 Ubuntu 桌面系统构建软件开发环境，以串口、以太网及 USB 接口作为基本硬件调试接口。

素养目标
- 培养学生的工作责任心
- 培养学生细致耐心、一丝不苟的工作作风

任务 5.1　环境温湿度采集

 任务描述

1. 任务目的及要求
- 了解环境温湿度传感原理及分类。
- 熟悉温湿度采集硬件电路设计。
- 熟悉环境温湿度采集嵌入式系统设计方法。
- 掌握嵌入式编程实现环境温湿度采集具体流程。

2. 任务设备
- 硬件：PC、Mini2440 硬件平台、SHT20 温湿度传感器、串口线、以太网线。
- 软件：VirtualBox 软件、Ubuntu 映像。

 相关知识

5.1.1　环境温湿度传感原理及分类

1. 温度传感

温度在各行各业中都是一个重要参量。早在公元 1593 年，伽利略就研制出第一支温度计。1641 年，第一支酒精温度计出现在意大利托斯卡纳大公斐迪南二世的宫廷里。1658 年，法国天文学家、数学家伊斯梅尔·博里奥制成了第一支水银温度计。1821 年，德国物理学家赛贝克首次使用热电偶把温度变成了电信号。如今，由于应用场景的不同，根据不同的测

温方式，温度传感器可分为不同类型。而随着万物互联时代的到来，模拟集成特别是数字集成温度传感器成为趋势。

(1) 测温方式

1) 热膨胀式。即利用物体受热膨胀原理测量温度。常见的水银温度计、酒精温度计都是液体热膨胀式温度计。

2) 热电偶。热电偶是依据热电效应（即能将金属导体中的热能转化成电能的效应）原理制成的感温元件。其特点是测温区间很大（1~2800 K），反应速度快，因此应用广泛。

3) 辐射式。是依据物体的热辐射特性与温度的对应关系设计的非接触测温方式。特别适合较远距离的高速运动物体、带电体及高压物体的温度测量。

4) 电阻式。是利用热敏导体电阻随温度而变化的特性来测量温度的方式。优点是测温区间较大（1~1200 K）、精度高、性能稳定，缺点是热惯性较大，响应时间较长。

5) 光纤式。是利用光纤中传输的光波的某一参数会随着外界温度的改变而变化的特性设计的测温方式。具有抗电磁干扰、耐高压、耐腐蚀、体积小和重量轻等优点，但成本较高。

(2) 模拟集成温度传感器

现在的温度测量往往会嵌入到一个大的系统中进行应用，因此使用分离的温度计并不能满足要求。模拟集成温度传感器是将温度传感器集成在一块芯片上完成温度测量及模拟信号的输出功能，热敏器件可选用热电偶、热敏电阻等，具有精度高、误差小、外围电路简单的优点，但由于其输出接口的模拟特性，已经不能很好满足目前网络化、数字化的应用需求。

(3) 数字温度传感器

数字温度传感器将测量的温度信息以数字信号的方式输出，传感器内置热敏元件及 A-D 器件，测量精度和响应时间依赖于热敏元件及 A-D 器件的参数和性能，对外的通信接口主要有单线、I^2C 接口、SPI 接口等，总线接口实现了标准化、规范化，与单片机、嵌入式处理器等主控模块连接十分方便，成为市场应用的主流。

2. 湿度传感

目前常用的湿度检测方式有机械式和电子式两大类，具体如下。

(1) 机械式

1) 干湿球湿度计。结构简单，由两个独立的温度计外加一块保持湿润的纱布构成。其原理是液态水蒸发带走热量会导致涂敷纱布的温度计与另一个独立放置的温度计产生温度差，利用温度差与空气湿度存在的相关性可计算湿度。但该湿度测量方法受环境温度、风速等影响较大，精度较低。

2) 露点仪。该仪器是利用不同湿度的空气会在不同温度下凝结出露珠，通过测量露珠凝结时的镜面温度而计算出空气的相对湿度大小。但镜面被污染易产生测量误差，因此限制了使用。

(2) 电子式

电子式湿度传感器是利用某些镀有薄膜的电子元器件在吸收空气中的水分之后会产生电学性质变化的特性而设计的。只要测量电路中的电容或电阻的变化量就可计算出空气的相对湿度大小。该测量方法根据使用的薄膜类型不同，性能也存在较大差异。注意电阻型电子湿度计在被污染后会造成电阻值漂移；电容型电子湿度计在使用时容易产生电火花，在易燃易爆环境中不能使用。

3. 温湿度传感集成化

由于环境温度和湿度往往需要同时测量，因此一体化的温湿度传感器具有集成度高、封装小、使用方便等优点，在系统设计中会被优先使用。目前市场上常用的温湿度集成传感器有SHT20、SHT30、DHT11、DHT22等多种型号。

5.1.2 温湿度采集硬件电路设计

1. 关键传感器SHT20

SHT20是具有I^2C接口的低功耗温湿度传感器。它将电容式湿度传感器、带隙温度传感器及模拟数字混合电路集成在一块芯片上，具有高精度、高稳定性及低功耗特性。每个传感器可独立校正测试。

2. 模块电路设计

如图5-1所示为温湿度采集模块硬件电路，主要器件包含SHT20（U2）和单片机（U3），单片机型号为STM8S103F3P6，由于SHT20采集的信号以I^2C总线信号输出，单片机处理器需要将I^2C信号转换为串口TTL电平信号。图中I^2C总线信号为SCL和SDA，串口TTL电平信号为UART TX和UART RX。整个模块的外部输出引脚有4根，如图中的Header4分别为VCC、UART TX、UART RX和GND。此外值得注意的是SHT20的3.3 V供电及单片机处理器的3.3 V供电是通过电源模块RT9193（U1）将外部5 V电源变压得到。

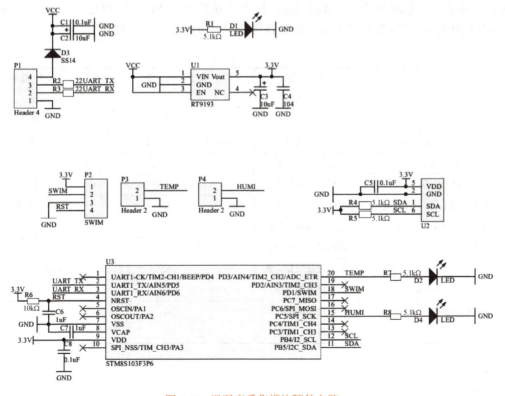

图5-1 温湿度采集模块硬件电路

5.1.3 环境温湿度采集嵌入式设计实现

温湿度采集嵌入式系统硬件连接如图 5-2 所示,由于串口提供的外部接口已经是串口 TTL 电平,因此只需将 Mini2440 串口 1 的 TTL 电平引脚 TXD、RXD、GND、VCC 依次连接温湿度采集模块的 RXD、TXD、GND、VCC 引脚即可。串口 0 连接 PC 进行系统监控。

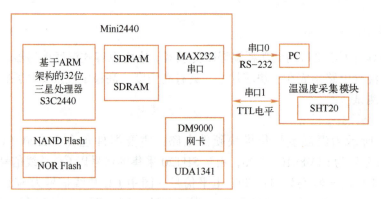

图 5-2 温湿度采集嵌入式系统硬件连接

温湿度采集指令集如表 5-1 所示,即 Mini2440 通过串口 1 发送指令到温湿度采集模块即可获得相应的结果应答,如需要获得受试者的当前温度可发送指令"AT+T"再按〈Enter〉键换行,若需获得受试者的当前湿度可发送指令"AT+H"再按〈Enter〉键换行。在实际程序中,回车换行符"\r\n"应紧跟指令一并发送到温湿度模块。

表 5-1 温湿度采集指令集

指 令	说 明	返 回 值	参 数 范 围
AT\r\n	测试指令	OK	无
AT+RESET\r\n	复位	OK	无
AT+VERSION\r\n	版本读取	+VERSION=1.0~20180103	无
AT+T\r\n	得到当前温度	+T=当前温度	-40~125℃
AT+H\r\n	得到当前湿度	+H=当前湿度	0.0~100.0%
AT+TERRUP<+PRA>\r\n	温度过高报警设置	OK	-40~125℃
AT+TERRDOWN<+PRA>\r\n	温度过低报警设置	OK	-40~125℃
AT+HERRUP<+PRA>\r\n	湿度过高报警设置	OK	0.0~100.0%
AT+HERRDOWN<+PRA>\r\n	湿度过低报警设置	OK	0.0~100.0%
AT+TP<+PRA>\r\n	温度报警极性	OK	0~1
AT+HP<+PRA>\r\n	湿度报警极性	OK	0~1
AT+RESTORE\r\n	恢复出厂设置	OK	无

 **任务实施**

将嵌入式温湿度采集系统中的目标板 Mini2440 串口 1 与温湿度传感器模块串口用杜邦

线进行硬件连接并上电，由于嵌入式 Mini2440 与温湿度传感器的通信方式是串口 TTL 电平，因此宿主机中的软件开发实施步骤是：①将串口驱动编译进内核；②编辑温湿度信息获取源码及 Makefile 文件并编译生成可执行文件；③将执行文件通过 FTP 方式发送到目标板；④通过 telnet 方式登录目标板运行程序。

1. 软件设计

应用层程序 tem_hum_detect.c 主要实现串口 1 的信息接收及温湿度信息相关命令的交互。串口设备文件名为 "/dev/ttySAC1"，即 *DeviceName = "/dev/ttySAC1"，默认串口的波特率设置为 9600 bit/s，即 DeviceSpeed = B9600。

```
/* tem_hum_detect.c */
#include <stdio.h>
#include <stdlib.h>
#include <termio.h>
#include <unistd.h>
#include <fcntl.h>
#include <getopt.h>
#include <time.h>
#include <errno.h>
#include <string.h>

static inline void WaitFdWriteable(int Fd)
{
    fd_set WriteSetFD;
    FD_ZERO(&WriteSetFD);
    FD_SET(Fd, &WriteSetFD);
    select(Fd + 1, NULL, &WriteSetFD, NULL, NULL);
}

int main(int argc, char **argv)
{
    int CommFd, TtyFd;
    struct termios TtyAttr;
    struct termios BackupTtyAttr;
    int DeviceSpeed = B9600;
    int TtySpeed = B9600;
    int ByteBits = CS8;
    const char *DeviceName = "/dev/ttySAC1";
    const char *TtyName = "/dev/tty";

    CommFd = open(DeviceName, O_RDWR, 0);
    if (CommFd < 0)
    printf("Unable to open device");
    fcntl(CommFd, F_SETFL, O_NONBLOCK);
    memset(&TtyAttr, 0, sizeof(struct termios));
    TtyAttr.c_iflag = IGNPAR;
    TtyAttr.c_cflag = DeviceSpeed | HUPCL | ByteBits | CREAD | CLOCAL;
```

```c
    TtyAttr.c_cc[VMIN] = 1;
    tcsetattr(CommFd, TCSANOW, &TtyAttr);
    TtyFd = open(TtyName, O_RDWR | O_NDELAY, 0);
    if (TtyFd < 0)
    printf("Unable to open tty");
    TtyAttr.c_cflag = TtySpeed | HUPCL | ByteBits | CREAD | CLOCAL;
tcgetattr(TtyFd, &BackupTtyAttr);
    tcsetattr(TtyFd, TCSANOW, &TtyAttr);
    for (;;) {
    unsigned char Char = 0;
    fd_setReadSetFD;
    FD_ZERO(&ReadSetFD);
    FD_SET(CommFd, &ReadSetFD);
    FD_SET(TtyFd, &ReadSetFD);
#define max(x,y) ( ((x) >= (y)) ? (x) : (y) )
    select(max(CommFd, TtyFd) + 1, &ReadSetFD, NULL, NULL, NULL);
#undef max
if (FD_ISSET(CommFd, &ReadSetFD)) {
    while (read(CommFd, &Char, 1) == 1) {
    WaitFdWriteable(TtyFd);
    write(TtyFd, &Char, 1);
    }
  }

if (FD_ISSET(TtyFd, &ReadSetFD)) {
    while (read(TtyFd, &Char, 1) == 1) {
    WaitFdWriteable(CommFd);
    if(Char=='1')
    {
    unsigned char str1[20] = "AT\r\n";
    write(CommFd, &str1, 4);
    }
    else if(Char=='2')
    {
    unsigned char str2[20] = "AT+VERSION\r\n";
    write(CommFd, &str2, 12);
    }
     else if(Char=='3')
    {
    unsigned char str3[20] = "AT+T\r\n";
    write(CommFd, &str3, 6);
    }
     else if(Char=='4')
    {
    unsigned char str4[20] = "AT+H\r\n";
    write(CommFd, &str4, 6);
    }
     else if (Char == '\x1b')
```

```
            goto ExitLabel;
        }
      }
    }
  }
ExitLabel:
    tcsetattr(TtyFd, TCSANOW, &BackupTtyAttr);
    return 0;
}
```

2. 编译链接生成可执行文件

如图 5-3 所示，编辑 Makefile 文件，交叉编译器为 arm-linux-gcc，生成源程序 tem_hum_detect.c 对应的可执行文件 tem_hum_detect。

```
1 CROSS=arm-linux-gcc
2
3 all: tem_hum_detect
4
5 tem_hum_detect: tem_hum_detect.c
6         $(CROSS)gcc -Wall -O3 -o tem_hum_detect tem_hum_detect.c
7
8 clean:
9         @rm -vf tem_hum_detect *.o *~
```

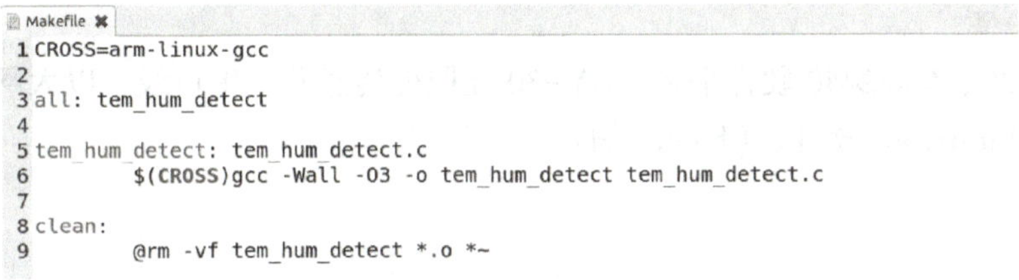

图 5-3 Makefile 文件编辑

如图 5-4 所示，将编辑好的 C 源程序 tem_hum_detect.c 与 Makefile 文件放在同一个文件夹中，然后打开 Ubuntu 系统终端，进入该目录，使用命令 ls 可查看目录内所有文件信息，再使用命令 make 进行编译、链接，生成执行文件 tem_hum_detect。

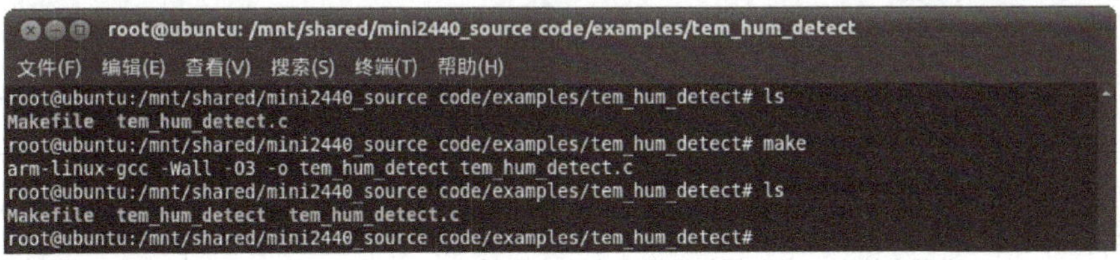

图 5-4 编译、链接，生成执行文件

3. 任务结果及数据

将执行文件 tem_hum_detect 通过 FTP 方式发送到目标机。如图 5-5 所示，在目标机终端中执行命令 chmod□777□tem_hum_detect，将执行文件属性改为所有用户可执行，并输入命令 ./tem_hum_detect 运行。发送按键 1 关联的测试命令 AT，返回"OK"；发送按键 2 关联的命令 AT+VERSION，返回版本号"1.4-20180820"；发送按键 3 关联的命令 AT+T，返回"21.24"，即温度为 21.24℃；发送按键 4 关联的命令 AT+H，返回"42.2"，即湿度为 42.2%。

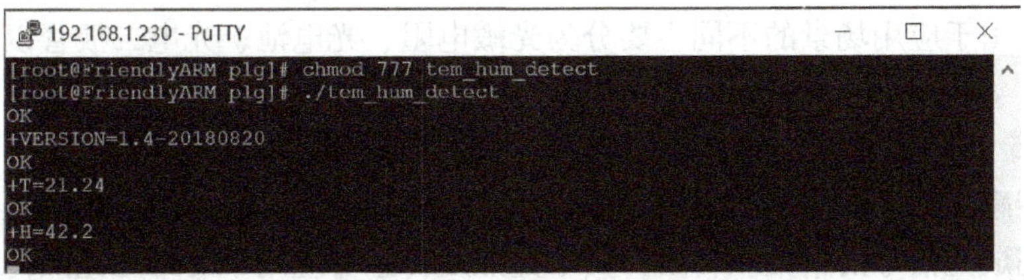

图 5-5 运行程序获取温湿度

任务 5.2　光照度数据采集

任务 5.2　光照度数据采集

 任务描述

1. 任务目的及要求

- 了解光照度传感原理及相关传感器。
- 熟悉光照度传感器硬件设计。
- 熟悉光照度数据采集嵌入式系统设计方法。
- 掌握嵌入式编程实现光照度数据采集方法流程。

2. 任务设备

- 硬件：PC、Mini2440 硬件平台、GY-30 光照度传感器、串口线、以太网线。
- 软件：VirtualBox 软件、Ubuntu 映像。

5.2.1　光照度传感原理及相应传感器

1. 光度量主要物理量

光度量主要物理量如表 5-2 所示，包括光通量、发光强度（简称光强或光度）、光亮度、光照度及光出射度。

表 5-2　光度量主要物理量

度量名称	符号	含　义	单　位
光通量	Φ	人眼所能感觉到的辐射功率，等于单位时间某一波段的辐射能量与此波段的相对视见率的乘积	流明（lm）
发光强度	I	光源在给定方向上单位立体角内的光通量	坎德拉（cd）
光亮度	L	发光体表面的发光明暗能力	尼特（cd/m^2）
光照度	E	被照物体的单位面积上的所照射的光通量大小	勒克斯（lx）
光出射度	M	光出射度是指单位面积的光通量	流明每平方米（lm/m^2）

2. 光照度原理及传感器分类

光照度传感器即光电式传感器，是一种将光信号（光通量、光照度等）转换为电信号（电压、电流）的灵敏传感器。该传感器主要由发光体、光电转换电路以及光电敏感元器件三部分组成。由于应用场景的不同主要分为光敏电阻、光电池、光电二极管以及光照度传感器集成芯片（如 TSL250、TSL260、BH1750）等多种不同类型，如表 5-3 所示。

3. 光照度传感器特点

光照度传感器在工业与消费电子领域应用广泛，随着科学技术的进步，光照度传感器也不是简单地完成光信号的采集和转换，其中光照度传感器应用中的可见光照传感器具有以下的技术特征：

表 5-3 不同类型光照度传感器比较

光照度传感器	简介	优点	缺点	应用范围
光敏电阻	采用硫化镉或硒化镉等半导体材料制成的特殊电阻器，光照越强阻值越低	灵敏度高、工作电流大、光谱响应范围宽、无极性、使用方便	响应时间长、频率特性差、强光照线性差、受温度影响大、不宜作为线性测量元件	红外的弱光探测与开关控制
光电池	能将光能转化为电能的特殊半导体器件	光电转换效率高、线性范围宽、光谱范围宽、频率特性好、性能稳定	需温度补偿	太阳电池、光电开关、线性测量
光电二极管	能将光信号转化为电信号的二极管	光谱和频率特性好、灵敏度高、测量线性好	输出电流较小、暗电流对温度变化敏感	光电检测电路、激光通信测量
光照度传感器集成芯片	将光敏元件及模拟数字通信接口进行封装集成的芯片	性能稳定、通信接口标准化、易于后续的信号处理分析	测量范围小、成本高	测量精度高的场合

(1) 光电集成

可见光照度传感器是把光电二极管和电流功率放大器封装在一个芯片上的元器件。

(2) 智能化

可见光照度传感器的成本要高一些，但是其输出形式是比较智能的，传感器的发展方向也是更加的智能化、小型化。

(3) 数字化运算

可见光照度传感器的输出特点是根据光照度的输入量比例确定的，这是利用对数集成功放预算的对数输出，可以 ADC 兼容，把数字信号直接输出到下一个运算单元。

(4) 封装体积小巧

光照度传感器元件主要封装了接收光信号的光敏电阻，0.13 μm 制程的 CMOS 信号放大器、无插损电压源和稳压稳流电路，把这些功能的电路全部集成在了一个芯片内部，大大减少了系统封装面积。

5.2.2 光照度传感器硬件设计

BH1750FVI 是 I^2C 总线接口的数字环境光强度传感器，其特性简述如下。

(1) 功能结构及接口特性

如图 5-6 所示为 BH1750FVI 功能模块。PD 为光电二极管，AMP 为将电流转换为电压的运算放大器，OSC 为 320 kHz 的晶体振荡器，DVI 为 SDA 与 SCL 端口的参考电压。支持快速模式及标准模式下的 I^2C 接口，快速模式下速率可达 400 kbits/s，标准模式下可达 100 kbits/s，SDA 与 SCL 分别对应 I^2C 总线的串行数据总线与串行时钟总线，在实际应用中只需要将其与主控模块的 SDA 与 SCL 对应连接即可。

(2) 测量精度

该模块整个探测范围可达 1~65535 lx，能通过访问不同地址实现高精度模式与低精度模式。高精度模式下的二进制访问地址为 "1011100"，误差为 1 lx，测量时间为 120 ms；低精度模式下地址为 "0100011"，误差为 4 lx，测量时间为 16 ms。由于高精度模式的测量时间较长，因此具有 50 Hz/60 Hz 光噪声抑制功能，且受红外线的影响较小。

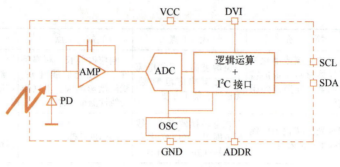

图 5-6　BH1750FVI 功能模块图

(3) 其他特性

该模块功耗很低,3 V 供电下的标准工作电流为 120 μA,掉电模式下的电流极低,仅为 0.01 μA。模块对光谱响应接近于人眼,依赖的光源量很少,通过 2 字节（16 位）二进制返回值实现了光照度的数字转换。

5.2.3　光照度数据采集嵌入式设计

光照度嵌入式系统设计如图 5-7 所示,由于提供的外部接口已经是串口 TTL 电平,因此只需将 Mini2440 串口 1 的 TTL 电平引脚 TXD、RXD、GND、VCC 依次连接串口转 I²C 模块的 RXD、TXD、GND、VCC 引脚即可,再由串口转 I²C 模块与光照度传感器模块连接。串口 0 连接 PC 进行系统监控。

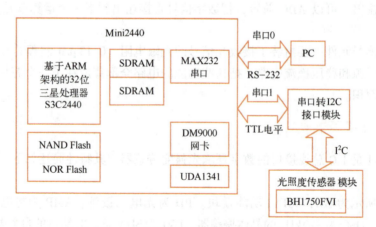

图 5-7　光照度传感嵌入式系统设计

任务实施

将嵌入式光照度传感系统中的目标板 Mini2440 串口 1 与光照度传感器模块的 I²C 接口通过串口转 I²C 接口模块进行转接并上电,由于嵌入式 Mini2440 与串口转 I²C 接口模块的通信方式是串口 TTL 电平,因此宿主机中的软件开发实施步骤是：①将串口驱动编译进内核；②编辑光照度信息获取源码及 Makefile 文件并编译生成可执行文件；③将执行文件通过 FTP

方式发送到目标板；④通过 Telnet 方式登录目标板运行程序。

1. 软件设计

应用层程序 illuminance.c 主要实现串口 1 的信息接收及光照度信息相关命令交互。串口设备文件名为 "/dev/ttySAC1"，即 *DeviceName = "/dev/ttySAC1"，默认串口波特率设置为 9600 bit/s，即 DeviceSpeed = B9600。

```c
/* illuminance.c */
#include <stdio.h>
#include <stdlib.h>
#include <termio.h>
#include <unistd.h>
#include <fcntl.h>
#include <getopt.h>
#include <time.h>
#include <errno.h>
#include <string.h>

static inline void WaitFdWriteable(int Fd)
{
    fd_set WriteSetFD;
    FD_ZERO(&WriteSetFD);
    FD_SET(Fd, &WriteSetFD);
    select(Fd + 1, NULL, &WriteSetFD, NULL, NULL);
}

int main(int argc, char **argv)
{
    int CommFd, TtyFd;
    struct termios TtyAttr;
    struct termios BackupTtyAttr;
    int DeviceSpeed = B9600;
    int TtySpeed = B9600;
    int ByteBits = CS8;
    const char *DeviceName = "/dev/ttySAC1";
    const char *TtyName = "/dev/tty";
    unsigned char str1[2], str2[2], str3[2], value[4];
    int sendFlag=-1, ind=0;

    CommFd = open(DeviceName, O_RDWR, 0);
    if (CommFd < 0)
        printf("Unable to open device");
    fcntl(CommFd, F_SETFL, O_NONBLOCK);
    memset(&TtyAttr, 0, sizeof(struct termios));
    TtyAttr.c_iflag = IGNPAR;
    TtyAttr.c_cflag = DeviceSpeed | HUPCL | ByteBits | CREAD | CLOCAL;
    TtyAttr.c_cc[VMIN] = 1;
    tcsetattr(CommFd, TCSANOW, &TtyAttr);
    TtyFd = open(TtyName, O_RDWR | O_NDELAY, 0);
    if (TtyFd < 0)
```

```c
    printf("Unable to open tty");
  TtyAttr.c_cflag = TtySpeed | HUPCL | ByteBits | CREAD | CLOCAL;
  tcgetattr(TtyFd, &BackupTtyAttr);
  tcsetattr(TtyFd, TCSANOW, &TtyAttr);
  for (;;) {
unsigned char Char = 0;
fd_setReadSetFD;
FD_ZERO(&ReadSetFD);
FD_SET(CommFd, &ReadSetFD);
FD_SET(TtyFd, &ReadSetFD);
#define max(x,y) ( ((x) >= (y)) ? (x) : (y) )
select(max(CommFd, TtyFd) + 1, &ReadSetFD, NULL, NULL, NULL);
#undef max
if (FD_ISSET(CommFd, &ReadSetFD)) {
    while (read(CommFd, &Char, 1) == 1) {
    WaitFdWriteable(TtyFd);
      if(sendFlag==3)
      {
    value[ind]=Char;
    ind=ind+1;
    }
    if(ind==4)
    {
    ind=0;
    printf("illuminance:%flux\r\n",(value[0]<<8|value[1])/1.2);
    }
    }
  }

if (FD_ISSET(TtyFd, &ReadSetFD)) {
    while (read(TtyFd, &Char, 1) == 1) {
    WaitFdWriteable(CommFd);
    if(Char=='1')
    {
      sendFlag=1;
      str1[0] = 0x46;
      str1[1] = 0x01;
    printf("Turn on sensor!!! \r\n");
    write(CommFd, &str1, 2);
    }
    else if(Char=='2')
    {
      sendFlag=2;
      str2[0] = 0x46;
      str2[1] = 0x10;
      printf("Set high resolution mode!!! \r\n");
      write(CommFd, &str2, 2);
    }
```

```
          else if(Char = = '3')
          {
          sendFlag = 3;
          ind = 0;
          str3[0] = 0x47;
          str3[1] = 0x02;
          write(CommFd, &str3, 2);
          }
          else if (Char = = '\x1b')
          goto ExitLabel;
          }
        }
      }
ExitLabel:
    tcsetattr(TtyFd, TCSANOW, &BackupTtyAttr);
    return 0;
}
```

2. 编译链接生成可执行文件

如图 5-8 所示，编辑 Makefile 文件，交叉编译器为 arm-linux-gcc，生成源程序 illuminance. c 对应的可执行文件 illuminance。

```
Makefile
CROSS=arm-linux-gcc

all: illuminance

illuminance: illuminance.c
	$(CROSS)gcc -Wall -O3 -o illuminance illuminance.c

clean:
	@rm -vf illuminance *.o *~
```

图 5-8　Makefile 文件编辑

如图 5-9 所示，将编辑好的 C 源程序 illuminance. c 与 Makefile 文件放在同一个文件夹中，然后打开 Ubuntu 系统终端，进入该目录，使用命令 ls 可查看目录内所有文件信息，再使用命令 make 进行编译、链接，生成执行文件 illuminance。

```
root@ubuntu: /mnt/shared/mini2440_source code/examples/illuminance
文件(F) 编辑(E) 查看(V) 搜索(S) 终端(T) 帮助(H)
root@ubuntu:/mnt/shared/mini2440_source code/examples/illuminance# ls
illuminance.c  Makefile
root@ubuntu:/mnt/shared/mini2440_source code/examples/illuminance# make
arm-linux-gcc -Wall -O3 -o illuminance illuminance.c
root@ubuntu:/mnt/shared/mini2440_source code/examples/illuminance# ls
illuminance  illuminance.c  Makefile
root@ubuntu:/mnt/shared/mini2440_source code/examples/illuminance#
```

图 5-9　编译、链接，生成执行文件

3. 任务结果及数据

将执行文件 illuminance 通过 FTP 方式发送到目标机，如图 5-10 所示，在目标机终端中执行命令 chmod□777□illuminance 将执行文件属性改为所有用户可执行,并输入命令 ./illuminance 运行。当敲击键盘按键"1",打开传感器并打印提示"Turn on sensor!!!",敲击键盘按键"2",设置传感器高分辨率模式并打印提示"Set high resolution mode!!!",敲击键盘按键"3"读取亮度值并计算输出如"illuminance:34.166667lux",表示光照度为约 34.17 流明。

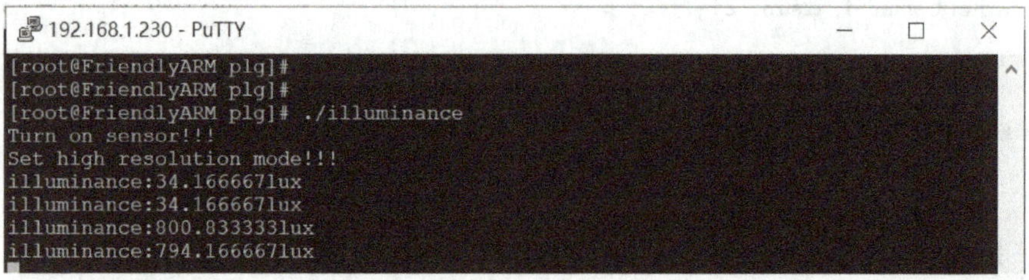

图 5-10 运行程序获取光照度信息

任务 5.3 土壤酸碱度检测

任务 5.3 土壤酸碱度检测

任务描述

1. 任务目的及要求
- 了解土壤酸碱度检测原理及方法。
- 熟悉土壤酸碱度传感器硬件设计。
- 熟悉土壤酸碱度检测嵌入式系统设计方法。
- 掌握嵌入式编程实现土壤酸碱度检测方法流程。

2. 任务设备
- 硬件:PC、Mini2440 硬件平台、pH 酸碱度检测模块、串口线、以太网线。
- 软件:VirtualBox 软件、Ubuntu 映像。

相关知识

5.3.1 土壤酸碱度检测原理及方法

1. 土壤酸碱度检测原理

土壤的酸碱性质常常用土壤 pH 值进行界定,如酸性土壤的 pH 值在 6.5 以下,碱性土壤的 pH 值在 7.5 以上,中性土壤介于之间。土壤 pH 值一般是通过测量土壤浸出液的 pH 值间接获得,定义温度在 25℃时溶液 pH 值等于 7 时为中性,pH 值小于 7 为酸性,大于 7 为碱性,pH 值越小则酸性越强,pH 值越大则碱性越强,pH 值的范围是 0~14。制备土壤浸出液的具体步骤如下。

1)将被测土壤风干,然后用土壤筛筛细备用,主要目的是去除小石子与杂质。
2)取一定量土壤与相匹配体积的中性纯水混合放入烧杯,并将烧杯密封。
3)剧烈搅拌 5 min 使土壤与水充分混合,静置 1 h。

4）待土壤沉降至烧杯底，倒出上层清液进行测量。该浸出液的 pH 值即为被测土壤的 pH 值。

2. 土壤酸碱度检测方法

土壤酸碱度测量方法主要分为直接测量法和间接测量法两类。直接测量法由于受制条件很多，很少使用；间接测量法是通过测量土壤浸出液达到间接测量土壤 pH 值的目的，目前应用广泛的测量方法都是间接测量法，具体分为以下几类。

（1）滴定法

滴定法是最原始的实验室溶液 pH 值测定方法。首先向单位体积被测溶液中加入酸碱指示剂，然后滴入特定反应液与被测溶液发生中和反应，观察颜色变化确定滴定终点，最后通过滴入反应液的体积来计算被测溶液的 pH 值。此方法的测量结果受到指示剂的滴定终点范围影响，精度不高。

（2）比色法

比色法是基于 pH 试纸（或指示剂）在不同的 pH 值下显示不同颜色的原理进行测量。通过将 pH 试纸浸入待测溶液或将待测溶液与指示剂混合，找出试纸或指示剂与比色卡上最接近的颜色，由此来确定待测溶液的 pH 值。由于需要肉眼进行颜色比对，所以一般精度较低。

（3）离子敏感场效应电极法

离子敏感场效应电极法的原理是由于测量电极的端上附有一层对特定离子敏感的薄膜，在测量时，离子敏感膜与被测溶液之间形成双电荷层，从而产生界面电势，然后根据界面电势与特定离子之间的关系计算离子浓度。

（4）玻璃电极法

玻璃电极法是将玻璃电极作为工作电极，与甘汞参比电极一同浸入被测溶液形成测量原电池。由于在一定温度下，被测溶液的 pH 值与玻璃电极和甘汞参比电极之间的电动势差存在确定的映射关系，因此可以通过测量它们之间的电动势差达到测量 pH 值的目的。

（5）金属电极法

金属电极法中一般采用锑电极，锑电极由高纯度电解锑的反应电极和参比电极两部分组成，同样锑电极上的电动势与被测溶液的 pH 值存在确定关系，只要测量该电动势再通过一定的公式换算即可得到被测溶液的 pH 值。

5.3.2 土壤酸碱度检测电路设计

1. 关键传感器

本系统的 pH 电极为通用 E-201-C 型 pH 复合电极，复合电极采用玻璃电极和参比电极组合的塑壳设计。测量温度范围为 0~60℃，测量 pH 范围为 0~14，精度可达 0.01，响应时间小于 2 min。此外电极可屏蔽电场干扰，与检测电路通过 BNC（刺刀螺母连接器）接头连接。

2. 模块电路设计

如图 5-11 所示为土壤酸碱度检测硬件电路设计。主要元器件包含 OPA2141（U3）和单片机（U4），单片机型号为 STM8S103F3P6。BNC（P1）接头的信号 PH 是土壤溶液的 pH 值电压信号，由于十分微弱，需要通过放大器 OPA2141 放大，放大后的模拟信号 OUT 经过单片机 STM8S103F3P6 的 19 脚 AIN3 的 AD 采样，再以串口 TTL 电平信号 UART TX，UART RX 的方式与外部进行通信。整个模块的外部输出引脚有 4 根，如图中的 Header4 分别为 VCC、UART TX、UART RX、GND。此外值得注意的是 OPA2141 及单片机处理器的 3.3 V 供电是电源模块 RT9193（U2）将外部 5 V 电源变压得到的。

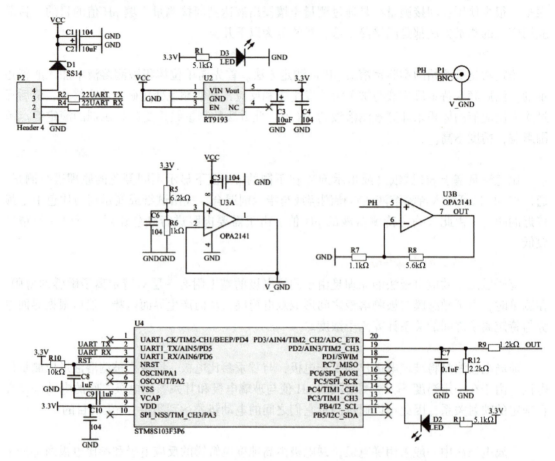

图 5-11　土壤酸碱度检测硬件电路设计

5.3.3　土壤酸碱度嵌入式设计实现

土壤酸碱度检测嵌入式系统设计如图 5-12 所示，由于串口提供的外部接口已经是串口 TTL 电平，因此只需将 Mini2440 串口 1 的 TTL 电平引脚 TXD、RXD、GND、VCC 引脚依次连接土壤酸碱度检测模块的 RXD、TXD、GND、VCC 引脚即可。串口 0 连接 PC 进行系统监控。

土壤酸碱度检测指令集如表 5-4 所示。Mini2440 通过串口 1 发送指令到土壤酸碱度检测模块即可获得相应的结果应答，如需要获得土壤的当前 pH 值，可发送指令"AT+PH"再按〈Enter〉键换行；若需获得当前电压值可发送指令"AT+V"再按〈Enter〉键换行。在实际程序中，回车换行符"\r\n"应紧跟指令一并发送到土壤酸碱度检测模块。

项目 5　智慧农业——温室大棚数据采集装置实现

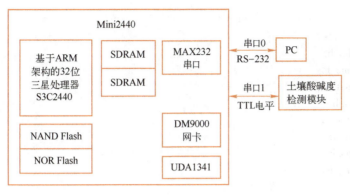

图 5-12　土壤酸碱度检测嵌入式系统设计

表 5-4　土壤酸碱度检测指令集

指　　令	说　　明	返　回　值	参数范围
AT\r\n	测试指令	OK	无
AT+RESET\r\n	复位	OK	无
AT+VERSION\r\n	版本读取	+VERSION=1.0-20180103	无
AT+PH\r\n	得到当前 pH 值	+T=当前 pH 值	0~14
AT+V\r\n	得到当前电压值	+H=当前电压值	0~5
AT+ERRUP<+PRA>\r\n	pH 过高报警设置	OK	0~14
AT+ERRDOWN<+PRA>\r\n	pH 过低报警设置	OK	0~14
AT+P<+PRA>\r\n	报警极性	OK	0~1
AT+ADJ+IN\r\n	进入 pH 校正模式	OK	无
AT+ADJ+OUT\r\n	退出 pH 校正模式	OK	无
AT+ADJ+<PRA>\r\n	设置 pH 校正值	OK	0~14
AT+RESTORE\r\n	恢复出厂设置	OK	无

任务实施

嵌入式系统检测土壤酸碱度,主要通过获取土壤酸碱度(pH 值)传感器模块的回传值实现,因此实施步骤分为基于 pH 值传感器模块指令集的 Mini2440 串口 1 软件设计,应用程序的交叉编译链接生成可执行程序,最后再通过 FTP 方式传输到目标机上运行。

1. 软件设计

应用层程序 pH_detect.c 主要实现串口 1 的信息接收及 pH 值传感器相关命令交互。串口设备文件名为 "/dev/ttySAC1",即 *DeviceName = "/dev/ttySAC1",默认串口波特率设置为 9600 bit/s,即 DeviceSpeed = B9600。

```c
/* pH_detect.c */
#include <stdio.h>
#include <stdlib.h>
#include <termio.h>
#include <unistd.h>
#include <fcntl.h>
#include <getopt.h>
#include <time.h>
#include <errno.h>
#include <string.h>

static inline void WaitFdWriteable(int Fd)
{
    fd_set WriteSetFD;
    FD_ZERO(&WriteSetFD);
    FD_SET(Fd, &WriteSetFD);
    select(Fd + 1, NULL, &WriteSetFD, NULL, NULL);
}
int main(int argc, char ** argv)
{
    int CommFd, TtyFd;
    struct termios TtyAttr;
    struct termios BackupTtyAttr;
    int DeviceSpeed = B9600;
    int TtySpeed = B9600;
    int ByteBits = CS8;
    const char * DeviceName = "/dev/ttySAC1";
    const char * TtyName = "/dev/tty";

    CommFd = open(DeviceName, O_RDWR, 0);
    if (CommFd < 0)
    printf("Unable to open device");
    fcntl(CommFd, F_SETFL, O_NONBLOCK);
    memset(&TtyAttr, 0, sizeof(struct termios));
    TtyAttr.c_iflag = IGNPAR;
    TtyAttr.c_cflag = DeviceSpeed | HUPCL | ByteBits | CREAD | CLOCAL;
    TtyAttr.c_cc[VMIN] = 1;
    tcsetattr(CommFd, TCSANOW, &TtyAttr);
    TtyFd = open(TtyName, O_RDWR | O_NDELAY, 0);
    if (TtyFd < 0)
    printf("Unable to open tty");
    TtyAttr.c_cflag = TtySpeed | HUPCL | ByteBits | CREAD | CLOCAL;
    tcgetattr(TtyFd, &BackupTtyAttr);
    tcsetattr(TtyFd, TCSANOW, &TtyAttr);
    for (;;) {
    unsigned char Char = 0;
    fd_set ReadSetFD;
    FD_ZERO(&ReadSetFD);
```

```c
    FD_SET(CommFd, &ReadSetFD);
    FD_SET(TtyFd, &ReadSetFD);
#define max(x,y) ( ((x) >= (y)) ? (x) : (y) )
    select(max(CommFd, TtyFd) + 1, &ReadSetFD, NULL, NULL, NULL);
#undef max
    if(FD_ISSET(CommFd, &ReadSetFD)) {
        while(read(CommFd, &Char, 1) == 1) {
            WaitFdWriteable(TtyFd);
            write(TtyFd, &Char, 1);
        }
    }

    if(FD_ISSET(TtyFd, &ReadSetFD)) {
        while(read(TtyFd, &Char, 1) == 1) {
            WaitFdWriteable(CommFd);
            if(Char == '1')
            {
                unsigned char str1[20] = "AT\r\n";
                write(CommFd, &str1, 4);
            }
            else if(Char == '2')
            {
                unsigned char str2[20] = "AT+VERSION\r\n";
                write(CommFd, &str2, 12);
            }
            else if(Char == '3')
            {
                unsigned char str3[20] = "AT+PH\r\n";
                write(CommFd, &str3, 10);
            }
            else if(Char == '4')
            {
                unsigned char str4[20] = "AT+V\r\n";
                write(CommFd, &str4, 9);
            }
            else if (Char == '\x1b')
                goto ExitLabel;
        }
    }
}
ExitLabel:
    tcsetattr(TtyFd, TCSANOW, &BackupTtyAttr);
    return 0;
}
```

2. 编译链接生成可执行文件

如图5-13所示，编辑源程序 pH_detect.c 对应的 Makefile 文件，可生成对应的可执行目标文件 pH_detect。

```
Makefile
CROSS=arm-linux-

all: pH_detect

pH_detect: pH_detect.c
	$(CROSS)gcc -Wall -O3 -o pH_detect pH_detect.c

clean:
	@rm -vf pH_detect *.o *~
```

图 5-13　编辑 Makefile 文件

如图 5-14 所示，将编辑好的 C 源程序 pH_detect. c 与对应的 Makefile 文件放在同一个文件夹中，通过 Ubuntu 系统终端进入该目录，通过 ls 命令查看文件信息，再使用命令 make 进行编译、链接，生成目标执行文件 pH_detect，再次使用 ls 命令查看目标文件是否生成。

```
root@ubuntu: /mnt/shared/mini2440_source code/examples/pH_detect
文件(F) 编辑(E) 查看(V) 搜索(S) 终端(T) 帮助(H)
root@ubuntu:/mnt/shared/mini2440_source code/examples/pH_detect# ls
Makefile  pH_detect.c
root@ubuntu:/mnt/shared/mini2440_source code/examples/pH_detect# make
arm-linux-gcc -Wall -O3 -o pH_detect pH_detect.c
root@ubuntu:/mnt/shared/mini2440_source code/examples/pH_detect# ls
Makefile  pH_detect  pH_detect.c
root@ubuntu:/mnt/shared/mini2440_source code/examples/pH_detect#
```

图 5-14　编译、链接，生成执行文件

3. 任务结果及数据

将执行文件 pH_detect 通过 FTP 方式发送到目标机，在目标机终端中执行命令 chmod□777□pH_detect 将执行文件属性改为所有用户可执行，并如图 5-15 所示输入命令 ./pH_detect 运行。发送按键 1 关联的测试命令 AT，返回“OK”；发送按键 2 关联的命令 AT+VERSION，返回版本号“1. 3-20200302”；发送按键 3 关联的命令 AT+PH，返回“5. 43”即被测土壤溶液 pH 值为 5. 43，呈弱酸性；发送按键 4 关联的命令 AT+V，返回“3. 68”，表示经过放大后的 pH 电压信号为 3. 68 V。

```
192.168.1.230 - PuTTY
[root@FriendlyARM plg]# ./pH_detect
OK
+VERSION=1.3-20200302
OK
+PH=5.43
OK
+V=3.68
OK
```

图 5-15　运行程序获取土壤溶液酸碱度

拓展阅读　智慧农业

2014 年，我国提出“智慧农业”概念，2016 年，“智慧农业”首次被写入中央一号文件《关于落实发展新理念加快农业现代化实现全面小康目标的若干意见》。智慧农业通过互联网、物联网、云计算、大数据、智能装备等现代信息技术与农业深度跨界融合，实现农业生产全过程的信息感知、定量决策、智能控制、精准投入和工厂化生产的农业生产方式，具备农业可视化远程诊断、远程控制、灾害预警等职能管理。《中国智慧农业行业现状深度分析与发展趋势研究报告》显示，2021 年我国智慧农业市场规模达 685 亿元，2022 年我国智慧农业市场规模将达 743 亿元。

项目小结

在这个项目中，主要学习了环境温湿度监测嵌入式设计、光照度数据采集嵌入式设计和土壤酸碱度数据采集嵌入式设计。

习题与练习

一、简答题

1. 简述环境温湿度采集原理。
2. 简述光照度采集原理。
3. 简述土壤酸碱度采集流程。

二、阐述题

1. 阐述环境温湿度传感器嵌入式设计流程。
2. 阐述光照度传感器嵌入式设计流程。
3. 阐述土壤酸碱度传感器嵌入式设计流程。

项目 6　智慧医疗——人体健康监控装置嵌入式实现

本项目是物联网嵌入式技术典型的应用场景——智慧医疗，通过选用智慧医疗中人体健康监控装置如心率血氧采集传感器和心电数据采集传感器作为主要任务，掌握这些传感器装置嵌入式驱动程序的设计、嵌入式源码编写及编译链接等主要步骤和相关拓展知识。

本项目中两个任务以均基于 ARM9 S3C2440 处理器的 Mini2440 为嵌入式目标开发平台，以 VirtualBox 虚拟机搭建的 Ubuntu 桌面系统构建软件开发环境，以串口、以太网及 USB 接口作为基本硬件调试接口。

素养目标
- 培养学生掌握特殊器件并熟练操作的能力
- 培养学生的创新能力
- 培养学生的工匠精神

任务 6.1　心率血氧传感器模块嵌入式设计

 任务描述

1. 任务目的及要求
- 了解血氧采集原理。
- 熟悉心率血氧采集传感器硬件设计。
- 熟悉心率血氧采集嵌入式系统设计方法。
- 掌握嵌入式编程实现心率血氧数据采集。

2. 任务设备
- 硬件：PC，Mini2440 硬件平台、心率血氧传感器、串口线、以太网线。
- 软件：VirtualBox 软件、Ubuntu 映像。

 **相关知识**

6.1.1　血氧采集原理

1. 血氧饱和度定义

血氧饱和度（SaO_2）是指在人体全部血液中氧合血红蛋白的容量占全部能够结合氧的血红蛋白容量的百分比。

2. 无创式光电容积血氧饱和度测量基本原理

血氧饱和度的测量分为有创式和无创式。有创式方法采用抽取动脉血管中的血液，经血气分析仪，检测血氧分压，进而计算出血氧饱和度。缺点是容易对人体动脉造成损伤，且无法连续实时检测，因此只用于对血氧数据精度要求高或者对血氧仪器进行标定的场合。一般场合都使用无创式方法，其根据光电接收管接收位置的不同可以分为透射式和反射式两种。透射式测量，发射光源和光电接收管位于被测量部位的两侧，通过测量透射光强的变化来计算血氧饱和度。而反射式测量，发射光源和光电接收管位于被测部位的同侧，通过测量反射光强的变化来计算血氧饱和度，发射光源的波长为 660 nm 的红光和 940 nm 的近红外光。本项目采用反射式双波长光电容积脉搏血氧测量法。

6.1.2 心率血氧传感器硬件设计

1. 关键传感器 MAX30102

MAX30102 是一个集成血氧及心率监测的模块，它内置 LED，具有环境光抑制的光电探测器、光学元件和低噪声电子器件。MAX30102 特性简述如下。

（1）FIFO 存储器

该器件读写速率通过软件设置寄存器的方式完全可调节，存放数字化的输出数据，外部处理器或微控制器能够通过总线连接器件连续读取该器件中的数据。

（2）血氧饱和度子系统

该器件的血氧饱和子系统包含环境光抵消模块，连续时间 Sigma-Delta ADC 和一个专有的离散时间滤波器。其中环境光抵消模块有内部的跟踪保持电路抵消环境光并增加有效的动态范围，ADC 为 18 位精度的连续时间过采样单元，采样率为 10.24 MHz，离散时间滤波器可抑制 50 Hz/60 Hz 的干扰及残余环境噪声。

（3）接口特性

该器件的对外通信方式为 I^2C 接口，接口的 2 根串行接口线分别为串行数据线 SDA 和串行时钟线 SCL，接口主时钟可达 400 kHz 且信号由主器件提供，主器件通过写入从地址读取数据，数据传输的格式为每 8 位形式跟随一个确认的时钟脉冲。

（4）其他特性

该器件适合于移动设备的超低功耗应用，特别是小于 1 MW 的低功率心率监视器，在 1.8 V 供电时，额定电流仅为 600 μA，关断电流仅为 0.7 μA。另外器件还拥有高信噪比输出，工作温度范围为 −40~+85℃。

2. 模块电路设计

如图 6-1 所示为血氧信号采集模块硬件电路设计，主要元器件包含 MAX30102（U3）和 STM32 处理器（U5），STM32 处理器型号为 STM32F070F6P6，由于 MAX30102 采集的信号以 I^2C 总线信号输出，STM32 处理器需要将 I^2C 信号转换为串口 TTL 电平信号。图中 I^2C 总线信号为 SCL 和 SDA，串口 TTL 电平信号为 UART TX 和 UART RX。整个模块的外部输出引脚有 4 根，如图中的 Header4 分别为 VCC、UART TX、UART RX、GND。此外值得注意的是 MAX30102 的 3.3 V 和 1.8 V 供电及 STM32 处理器的 3.3 V 供电是通过电源模块 RT9193（U1）及 LN6206（U2）将外部 5 V 电源变压得到的。

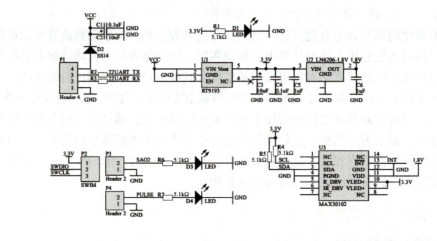

图 6-1 血氧信号采集模块硬件电路

6.1.3 心率血氧信号采集嵌入式系统设计

心率血氧信号采集嵌入式系统设计如图 6-2 所示。由于提供的外部接口已经是串口 TTL 电平，因此只需将 Mini2440 串口 1 的 TTL 电平引脚 TXD、RXD、GND、VCC 引脚依次连接心率血氧信号采集模块的 RXD、TXD、GND、VCC 引脚即可。串口 0 连接 PC 进行系统监控。

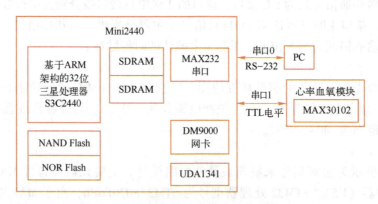

图 6-2 心率血氧信号采集嵌入式系统设计

心率血氧信号采集指令集如表 6-1 所示。Mini2440 通过串口 1 发送指令到心率血氧模块即可获得相应的结果应答，如需获得受试者的当前心率可发送指令"AT+HEART"，再按〈Enter〉键换行；若需获得受试者的当前血氧可发送指令"AT+SPO2"，再按〈Enter〉键换行。在实际程序中，回车换行符"\r\n"应紧跟指令一并发送到心率血氧模块。

表 6-1 心率血氧信号采集指令集

指 令	说 明	返 回 值	参数范围
AT\r\n	测试指令	OK	无
AT+RESET\r\n	复位	OK	无
AT+VERSION\r\n	版本读取	+VERSION=1.0-20180103	无
AT+HEART\r\n	得到当前心率	+HEART=当前心率	20~200次/分
AT+SPO2\r\n	得到当前血氧	+SPO2=当前血氧百分比值	50%~100%
AT+HERRUP<+PRA>\r\n	心率过高报警设置	OK	20~200次/分
AT+HERRDOWN<+PRA>\r\n	心率过低报警设置	OK	20~200次/分
AT+SERRUP<+PRA>\r\n	血氧过高报警设置	OK	50%~100%
AT+SERRDOWN<+PRA>\r\n	血氧过低报警设置	OK	50%~100%
AT+HP<+PRA>\r\n	心率报警极性	OK	0~1
AT+SP<+PRA>\r\n	血氧报警极性	OK	0~1

 任务实施

将嵌入式心率血氧采集系统中的目标板 Mini2440 串口 1 与心率血氧模块 MAX30102 的串口用杜邦线进行硬件连接并上电，由于嵌入式 Mini2440 与心率血氧模块的通信方式是串口 TTL 电平，因此宿主机中的软件开发实施步骤是：①将串口驱动编译进内核；②编辑心率与血氧饱和度信息获取源码及 Makefile 文件并编译生成可执行文件；③将执行文件通过 FTP 方式发送到目标板；④通过 Telnet 方式登录目标板运行程序。

1. 软件设计

应用层程序 SaO2_detect.c 主要实现串口 1 的信息接收及心率、血氧饱和度信息相关命令的交互。

```
/* SaO2_detect.c */
#include <stdio.h>
#include <stdlib.h>
#include <termio.h>
#include <unistd.h>
#include <fcntl.h>
#include <getopt.h>
#include <time.h>
#include <errno.h>
#include <string.h>

static inline void WaitFdWriteable(int Fd)
{
    fd_set WriteSetFD;
    FD_ZERO(&WriteSetFD);
```

```c
        FD_SET(Fd, &WriteSetFD);
        select(Fd + 1, NULL, &WriteSetFD, NULL, NULL);
}

int main(int argc, char **argv)
{
    int CommFd, TtyFd;
    struct termios TtyAttr;
    struct termios BackupTtyAttr;
    int DeviceSpeed = B9600;
    int TtySpeed = B9600;
    int ByteBits = CS8;
    const char *DeviceName = "/dev/ttySAC1";
    const char *TtyName = "/dev/tty";

    CommFd = open(DeviceName, O_RDWR, 0);
    if (CommFd < 0)
    printf("Unable to open device");
    fcntl(CommFd, F_SETFL, O_NONBLOCK);
    memset(&TtyAttr, 0, sizeof(struct termios));
    TtyAttr.c_iflag = IGNPAR;
    TtyAttr.c_cflag = DeviceSpeed | HUPCL | ByteBits | CREAD | CLOCAL;
    TtyAttr.c_cc[VMIN] = 1;
    tcsetattr(CommFd, TCSANOW, &TtyAttr);
    TtyFd = open(TtyName, O_RDWR | O_NDELAY, 0);
    if (TtyFd < 0)
    printf("Unable to open tty");
    TtyAttr.c_cflag = TtySpeed | HUPCL | ByteBits | CREAD | CLOCAL;
tcgetattr(TtyFd, &BackupTtyAttr);
    tcsetattr(TtyFd, TCSANOW, &TtyAttr);
    for (;;) {
    unsigned char Char = 0;
    fd_set ReadSetFD;
    FD_ZERO(&ReadSetFD);
    FD_SET(CommFd, &ReadSetFD);
    FD_SET(TtyFd, &ReadSetFD);
#define max(x,y) ( ((x) >= (y)) ? (x) : (y) )
    select(max(CommFd, TtyFd) + 1, &ReadSetFD, NULL, NULL, NULL);
#undef max
if (FD_ISSET(CommFd, &ReadSetFD)) {
    while (read(CommFd, &Char, 1) == 1) {
      WaitFdWriteable(TtyFd);
      write(TtyFd, &Char, 1);
    }
    }

if (FD_ISSET(TtyFd, &ReadSetFD)) {
    while (read(TtyFd, &Char, 1) == 1) {
```

```c
        WaitFdWriteable(CommFd);
    if(Char=='1')
    {
    unsigned char str1[20] = "AT\r\n";
    write(CommFd, &str1, 4);
    }
     else if(Char=='2')
    {
    unsigned char str2[20] = "AT+VERSION\r\n";
    write(CommFd, &str2, 12);
    }
     else if(Char=='3')
    {
    unsigned char str3[20] = "AT+HEART\r\n";
    write(CommFd, &str3, 10);
    }
     else if(Char=='4')
    {
    unsigned char str4[20] = "AT+SPO2\r\n";
      write(CommFd, &str4, 9);
    }
      else if (Char == '\x1b')
      goto ExitLabel;
    }
   }
  }
ExitLabel:
    tcsetattr(TtyFd, TCSANOW, &BackupTtyAttr);
    return 0;
}
```

2. 编译链接生成可执行文件

如图 6-3 所示，编辑源程序 SaO2_detect.c 对应的 Makefile 文件，可执行对应目标文件 SaO2_detect。

```
Makefile
1 CROSS=arm-linux-
2
3 all: SaO2_detect
4
5 SaO2_detect: SaO2_detect.c
6        $(CROSS)gcc -Wall -O3 -o SaO2_detect SaO2_detect.c
7
8 clean:
9        @rm -vf SaO2_detect *.o *~
```

图 6-3 编辑 Makefile 文件

如图 6-4 所示，将编辑好的 C 源程序 SaO2_detect.c 与 Makefile 文件放在同一个文件夹中，然后进入该目录使用命令 ls 可查看目录内所有文件详细信息，使用命令 make 进行编译、链接，生成目标执行文件 SaO2_detect，并再次查看是否生成成功。

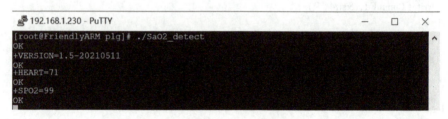

图 6-4　编译、链接，生成执行文件

3. 任务结果及数据

将执行文件 SaO2_detect 通过 FTP 方式发送到目标机，在目标机终端中执行命令 chmod□777□SaO2_detect 将执行文件属性改为所有用户可执行。如图 6-5 所示，输入命令 ./SaO2_detect 运行。发送按键 1 关联的测试命令 AT，返回"OK"；发送按键 2 关联的命令 AT+VERSION，返回版本号"1.5-20210511"；发送按键 3 关联的命令 AT+HEART，返回"71"即心率为 71；发送按键 4 关联的命令 AT+SPO2，返回"99"，即血氧饱和度为 99%。

图 6-5　监测心率和血氧饱和度

任务 6.2　心电监控嵌入式设计

任务6.2 心电监控嵌入式设计

 任务描述

1. 任务目的及要求

- 了解心电数据采集原理。
- 熟悉心电数据采集传感器硬件设计。
- 熟悉心电传感器 Linux 驱动设计。
- 熟悉心电数据采集嵌入式系统设计方法。
- 掌握嵌入式编程实现心电数据采集方法流程。

2. 任务设备

- 硬件：PC、Mini2440 硬件平台、AD8232 心电传感器、串口线、以太网线。
- 软件：VirtualBox 软件、Ubuntu 映像。

 **相关知识**

6.2.1 心电数据采集原理

1. 心电信号的产生

ECG 即心电图信号，主要体现了人体心脏中大量心肌细胞电活动状况。由于人体循环系统的正常运转依赖于心脏内部产生的系列规则电刺激脉冲信号，宏观上心电信号的记录反映了心脏细胞运动过程，在某种程度上客观地反映了心脏的生理活动状况，因而在临床医学中具有重要意义。

2. 心电信号的特征

ECG 信号与通信信号不同，幅值大小具有一定随机性，无法用数学函数进行描述，因此检测分析较为困难。典型的 ECG 信号主要由 P 波、QRS 复合波和 T 波等组成。在一个完整的心脏跳动周期中，P 波形态小而圆钝，QRS 波群由多个紧密相连的电位波动组成，P 波和 QRS 波群都表示左右两心室的去极化过程。T 波较为平坦，反映复极化过程。ECG 信号主要有如下特性。

(1) 微弱及低频特性

ECG 信号电压处于 10 μV～4 mV，典型幅值为 1 mV。因此前端需要通过放大器放大后才能分析处理。信号频率分布在 0.05～100 Hz，且绝大部分频谱能量集中在 0.25～35 Hz，呈现典型的低频特性。

(2) 幅度不稳定性

ECG 信号虽然具有较强的周期性，但幅度随着时间处于不停的动态变化中。因此为了便于后端分析处理的信号在一个较为稳定的区间，需要将 ECG 信号动态放大至合理大小，前端放大电路需要具有随时间动态调节增益的功能。

(3) 易受干扰特性

ECG 信号幅值易受人体运动状态的改变产生随机变化，且该变化很难通过数学函数进行具体描述。此外，ECG 信号易受 50 Hz 工频等环境噪声影响，因此对受到干扰的信号进行分析检测具有更大难度。

3. 心电信号采集电极

ECG 信号采集电极是将人体电位转换为采集系统中的测量电压。根据电极的作用方式主要分为湿电极和干电极。湿电极一般会采用导电胶，可降低皮肤外层角质层的影响，从而有利于提高电位导通。此外湿电极比金属电极具有更小的电噪声，在低频下有利于心电信号的检测。干电极没有导电介质，长期穿戴舒适性更强，硬性干电极一般采用金属材料，难以与皮肤表面形成稳定接触，柔性干电极由于与人体皮肤表面的贴合度更好，是当前的研究热点。本项目采用成本低廉的带有导电胶的湿电极。

6.2.2 心电数据采集传感器硬件设计

1. 关键传感器 AD8232

AD8232 是一款用于 ECG 及其他生物电测量应用的集成信号调理模块。该器件用于在具有运动或远程电极放置产生的噪声的情况下提取、放大及过滤微弱的生物电信号。该设计使得超低功耗模数转换器（ADC）或嵌入式微控制器能够轻松地采集输出信号。其具备以下特性。

（1）内部结构紧凑

用双极点高通滤波器来消除运动伪像和电极半电池电位。该滤波器与仪表放大器结构紧密耦合，可实现单级高增益及高通滤波，从而节约了空间和成本。

（2）可选噪声抑制

采用一个无使用约束运算放大器来创建一个三极点低通滤波器，消除了额外的噪声。用户可以通过选择所有滤波器的截止频率来满足不同类型应用的需要。

（3）受驱导联应用

为提高系统线路频率和对其他不良干扰的共模抑制性能，内置一个放大器用于右腿驱动（RLD）等受驱导联应用。

（4）快速恢复

包含一项快速恢复功能，可以减少高通滤波器原本较长的建立长尾现象。如果放大器轨电压发生信号突变（如导联脱离情况），将自动调节为更高的滤波器截止状态。该功能让AD8232可以实现快速恢复，因而在导联连接至测量对象的电极之后能够尽快取得有效的测量值。

（5）封装及温度特性

采用4mm×4mm、20引脚LFCSP封装。额定温度范围为0~70℃，能在-40~+85℃的范围内工作。

2. 模块电路设计

如图6-6所示为心电信号传感器模块。AD8232（U1）为模块的核心芯片，该模块的外部

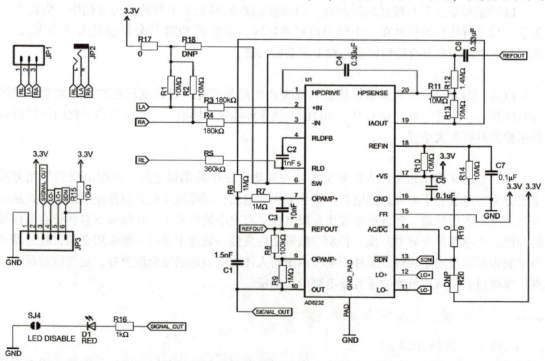

图6-6　心电信号传感器模块

引脚由跳线 JP1、JP2、JP3 组成，其中 JP1 和 JP2 引脚完全相同，只用其中一个即可，信号依次为左臂引脚（RL）、右臂引脚（LA）、右腿引脚（RA），在实际测试中分别连接到人体的左臂电极、右臂电极及右腿电极。JP3 的引脚依次为接地（GND）、3.3 V 电源、心电信号输出（SIGNAL_OUT）、导联脱落比较器输出端（LO-）、导联脱落比较器输出端（LO+）。

6.2.3　心电传感器 Linux 驱动设计

由于心电信号传感器模块采集的是实时模拟信号，需要通过模拟/数字转换才能进一步分析和处理，因此该模块的驱动实际为模拟/数字转换（A/D）驱动。

1. S3C2440 处理器 ADC

S3C2440 处理器的模拟/数字转换器（ADC）为 10 位 CMOS 回收型器件，它具有 8 通道模拟输入。能将模拟输入信号转换为 10 位二进制数字码，在 2.5 MHz 时钟下具有 500 k SPS 的最大转换速率，该 A/D 转换器具有片上采样保持功能并支持掉电模式。

S3C2440 处理器中的 ADC 功能模块图如图 6-7 所示，A/D 输入和触摸屏接口使用相同的 A/D 转换器，A/D 转换器的输入有 4 个通道 A[3:0]，分别可以对 4 路不同的模拟信号进行 A/D 转换。

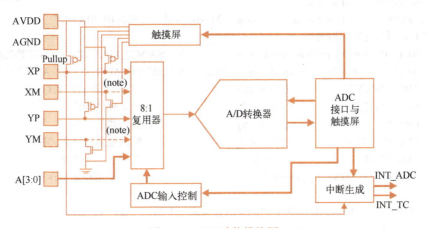

图 6-7　ADC 功能模块图

2. ADC 驱动程序分析

（1）驱动程序包含的头文件

驱动程序包含的头文件如下所示。

```
/* ecg_adc.c */
#include <linux/errno.h>        //系统错误代码头文件
#include <linux/kernel.h>       //内核头文件
#include <linux/module.h>       //系统内核相关驱动文件
#include <linux/slab.h>         //内存分配头文件
#include <linux/input.h>        //输入设备头文件
#include <linux/init.h>         //模块初始化头文件
#include <linux/serio.h>        //串行 I/O 总线头文件
#include <linux/delay.h>        //延时头文件
#include <linux/clk.h>          //系统时钟头文件
```

```
#include <linux/wait.h>              //系统等待头文件
#include <linux/sched.h>             //任务调度头文件
#include <asm/io.h>                  //I/O 端口操作头文件
#include <asm/irq.h>                 //中断服务请求头文件
#include <asm/uaccess.h>             //处理器接口头文件
#include <mach/regs-clock.h>         //处理器时钟寄存器头文件
#include <plat/regs-timer.h>         //平台相关定时器头文件
#include <plat/regs-adc.h>           //平台相关 ADC 头文件
#include <mach/regs-gpio.h>          //处理器的 I/O 寄存器头文件
#include <linux/cdev.h>              //字符设备驱动头文件
#include <linux/miscdevice.h>        //设备驱动注册头文件
```

(2) 宏定义及全局变量

宏定义及全局变量如下所示。

```
#define DEVICE_NAME "ecg_adc"                                           //设备驱动文件名
#define ADCCON   (*(volatile unsigned long *)(base_addr + S3C2410_ADCCON))//ADC 控制寄存器地址
#define ADCTSC   (*(volatile unsigned long *)(base_addr + S3C2410_ADCTSC))
//ADC 触摸屏控制寄存器地址
#define ADCDLY   (*(volatile unsigned long *)(base_addr + S3C2410_ADCDLY))
//ADC 开始或时延寄存器地址
#define ADCDAT0  (*(volatile unsigned long *)(base_addr + S3C2410_ADCDAT0))//ADC 数据寄存器0 地址
#define ADCDAT1  (*(volatile unsigned long *)(base_addr + S3C2410_ADCDAT1))//ADC 数据寄存器1 地址
#define ADC_ENDCVT        (1 << 15)              //AD 转换是否结束标志
#define PRESCALE_EN       (1 << 14)              //预分频使能位
#define PRSCVL(x)         ((x) << 6)             //预分频位
#define ADC_INPUT(x)      ((x) << 3)             //输入通道选择方式位
#define ADC_START         (1 << 0)               //开始 A/D 转换使能位
#define START_ADC_AIN(ch, prescale)  \           //A/D 通道控制寄存器初始化设置
 do{ \
        ADCCON = PRESCALE_EN | PRSCVL(prescale) | ADC_INPUT((ch));\
        ADCCON |= ADC_START; \
 }while(0)
/*****定义 ADC 相关全局变量及结构体**************************************/
static void __iomem * base_addr;
typedef struct {
wait_queue_head_t wait;
int channel;
int prescale;
}ADC_DEV;
DECLARE_MUTEX(ADC_LOCK);
static int OwnADC = 0;
static ADC_DEV adcdev;
static volatile int ev_adc = 0;
static int adc_data;
static struct clk    * adc_clock;
```

(3) ADC 转换器读数据函数

A/D 数据读函数的具体实现如下,可以由上层应用程序通过通用读函数进行调用。

```c
staticssize_t s3c2410_adc_read(struct file *filp, char *buffer, size_t count, loff_t *ppos)
{
    char str[20];
    int value;
    size_t len;
    if (down_trylock(&ADC_LOCK) == 0) {
        OwnADC = 1;
        START_ADC_AIN(adcdev.channel, adcdev.prescale);
        wait_event_interruptible(adcdev.wait, ev_adc);
        ev_adc = 0;
        value = adc_data;
        OwnADC = 0;
        up(&ADC_LOCK);
    } else {
        value = -1;
    }
    len = sprintf(str, "%d\n", value);
    if (count >= len) {
        int r = copy_to_user(buffer, str, len);
        return r ? r : len;
    } else {
        return -EINVAL;
    }
}
```

(4) ADC 驱动设备文件打开及释放函数

ADC 驱动设备文件打开及释放函数的具体实现如下。上层应用程序通过通用设备打开释放函数。

```c
static int s3c2410_adc_open(structinode *inode, struct file *filp)
{
    init_waitqueue_head(&(adcdev.wait));
    adcdev.channel = 2;
    adcdev.prescale = 0xff;
    return 0;
}
static int s3c2410_adc_release(structinode *inode, struct file *filp)
{
    DPRINTK("adc closed\n");
    return 0;
}
```

(5) ADC 驱动函数接口定义

ADC 驱动函数接口定义的结构体表达如下,应用层通过此结构体与驱动层建立关联。

```c
static struct file_operations dev_fops = {
    owner:THIS_MODULE,
```

```
open:s3c2410_adc_open,
read:s3c2410_adc_read,
release:s3c2410_adc_release,
};
```

(6) ADC 设备驱动初始化注册及注销函数

ADC 设备驱动注册与注销函数具体实现如下。

```
static struct miscdevice misc = {
 .minor = MISC_DYNAMIC_MINOR,
 .name = DEVICE_NAME,
 .fops = &dev_fops,
};

static irqreturn_t adcdone_int_handler(int irq, void * dev_id)
{
if (OwnADC) {
    adc_data = ADCDAT0 & 0x3ff;
    ev_adc = 1;
    wake_up_interruptible(&adcdev.wait);
}
 return IRQ_HANDLED;
}

static int __init dev_init(void)
{
int ret;
base_addr=ioremap(S3C2410_PA_ADC,0x20);
if (base_addr == NULL) {
    printk(KERN_ERR "Failed to remap register block\n");
    return -ENOMEM;
}
adc_clock =clk_get(NULL, "adc");
if (!adc_clock) {
    printk(KERN_ERR "failed to get adc clock source\n");
    return -ENOENT;
}
clk_enable(adc_clock);
/* normal ADC */
ADCTSC = 0;
ret = request_irq(IRQ_ADC, adcdone_int_handler, IRQF_SHARED, DEVICE_NAME, &adcdev);
if (ret) {
    iounmap(base_addr);
    return ret;
}
ret = misc_register(&misc);
printk (DEVICE_NAME" \tinitialized\n");
return ret;
}
```

```
static void __exit dev_exit(void)
{
 free_irq(IRQ_ADC, &adcdev);
 iounmap(base_addr);
 if (adc_clock) {
     clk_disable(adc_clock);
     clk_put(adc_clock);
     adc_clock = NULL;
 }
 misc_deregister(&misc);
}
EXPORT_SYMBOL(ADC_LOCK);
module_init(dev_init);
module_exit(dev_exit);
MODULE_LICENSE("GPL");
MODULE_AUTHOR("FriendlyARM Inc.");
```

6.2.4 心电嵌入式系统设计

心电数据采集嵌入式系统设计如图 6-8 所示，Mini2440 的 AD 接口与心电信号采集模块连接，串口 0 连接 PC 进行系统监控。

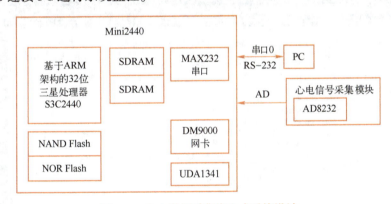

图 6-8 心电数据采集嵌入式系统设计

任务实施

将嵌入式心电数据采集系统中的目标板 Mini2440 的 AD 引脚与心电信号采集模块外接引脚用杜邦线进行硬件连接并上电，软件开发实施步骤如下：①将心电信号采集模块驱动编译进内核；②编辑心电信号采集应用程序及 Makefile 文件并编译生成可执行文件；③将执行文件通过 FTP 方式发送到目标板；④通过 Telnet 方式登录目标板运行程序。

1. 将心电信号 AD 驱动编译进内核

（1）修改 Kconfig 文件

打开 linux-2.6.32.2/drivers/char/Kconfig 文件，并添加 ECG 传感器驱动配置项，如下所示。

```
config ECG_ADC
    bool "ADC driver for ECG"
    depends on MACH_MINI2440
    default y if MACH_MINI2440
    help
      this is ADC driver for ECG signal acquisition
```

(2) 修改 Makefile 文件

打开 linux-2.6.32.2/drivers/char/Makefile 文件，并添加字体加粗的 ECG 传感器驱动编译项，如下所示。

```
obj-$(CONFIG_MINI2440_ADC) += mini2440_adc.o
obj-$(CONFIG_ECG_ADC) += ecg_adc.o
```

(3) 重新编译内核

在 Ubuntu 终端进入 Linux 内核源码目录 linux-2.6.32.2，输入命令 make□menuconfig，即出现如图 6-9 所示内核驱动配置界面，通过菜单选择进入 "Device Drivers→character device→ADC driver for ECG"，并输入 "Y" 将其编译进内核，保存设置再退出，确保目标板中已烧录的内核具有上述配置，然后更新内核。

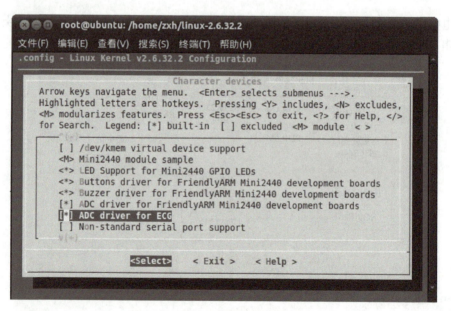

图 6-9　Linux 内核驱动配置界面

2. 软件设计

应用层程序 ECG_test.c 主要实现通过 AD 输入采集心电模块的输出信号。AD 设备文件名为 "/dev/ecg_adc"，由于 S3C2440 处理器的 ADC 量化位数为 10 bit，因此需要 buffer 数组的 2 B 存放数据，然后用字符串格式转换函数 sscanf 将 char 类型量化数据转化为 int 类型的数据 value，最后在终端输出。

```c
/* ECG_test.c */
#include <stdio.h>
#include <unistd.h>
#include <stdlib.h>
#include <sys/types.h>
#include <sys/stat.h>
#include <sys/ioctl.h>
#include <fcntl.h>
#include <linux/fs.h>
#include <errno.h>
#include <string.h>

int main(void)
{
    fprintf(stderr, "press Ctrl-C to stop\n");
    int fd = open("/dev/ecg_adc", 0);
    if (fd < 0) {
        perror("open ECG device:");
        return 1;
    }
    for(;;) {
        char buffer[30];
        int len = read(fd, buffer, sizeof buffer -1);
        if (len > 0) {
            buffer[len] = '\0';
            int value = -1;
            sscanf(buffer, "%d", &value);
            printf("ECG Value: %d\n", value);
        } else {
            perror("read ECG device:");
            return 1;
        }
    }
    close(fd);
}
```

3. 编译链接生成可执行文件

如图 6-10 所示，编辑 Makefile 文件，交叉编译器为 arm-linux-gcc，生成源程序 ECG_test.c 对应的可执行文件 ECG_test。

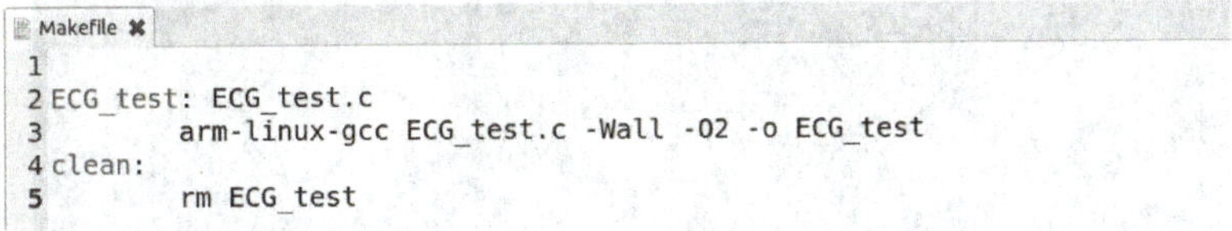

```
1
2 ECG_test: ECG_test.c
3         arm-linux-gcc ECG_test.c -Wall -O2 -o ECG_test
4 clean:
5         rm ECG_test
```

图 6-10　Makefile 文件编辑

如图 6-11 所示，将编辑好的 C 源程序 ECG_test.c 与 Makefile 文件放在同一个文件夹中，然后打开 Ubuntu 系统终端，进入该目录，使用命令 ls 可查看目录内所有文件信息，再使用命令 make 进行编译、链接，生成执行文件 ECG_test。

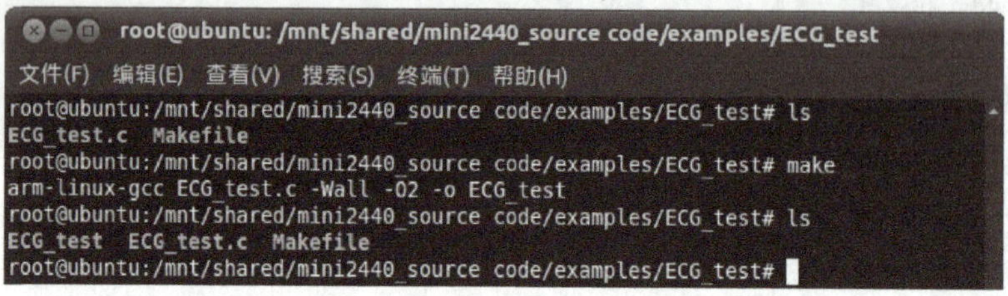

图 6-11 编译、链接，生成执行文件

4. 任务结果及数据

将执行文件 ECG_test 通过 FTP 方式发送到目标机，在目标机终端中执行命令 chmod □777□ECG_test 将执行文件属性改为所有用户可执行，并输入命令 ./ECG_test 运行。心电传感器的 3 个电极在人体上的放置位置示意如图 6-12 所示，ECG 信号数据采集结果如图 6-13 所示，将数据可视化的图形如图 6-14 所示。

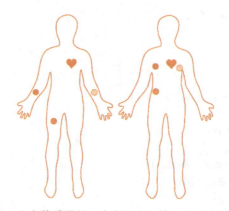

图 6-12 心电传感器的 3 个电极在人体上的放置位置示意

图 6-13 ECG 信号数据采集结果

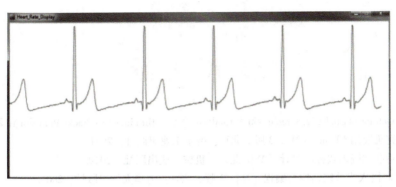

图 6-14　心电数据采集可视化图形

拓展阅读　智慧医疗

智慧医疗是 5G 技术在物联网的应用中的重要场景。智慧医疗利用先进的物联网技术，以医院云数据中心为核心，以电子病历、电子健康档案和医疗物联网为基础，综合应用物联网、数据融合传输交换、智能建筑、移动计算和云计算等技术，打造健康档案区域医疗信息平台，实现患者与医务人员、医疗机构、医疗设备之间的互动，促进医疗资源高效配置，是我国未来新一轮基建的重点方向。

项目小结

在这个项目中，主要学习了心率血氧数据监测嵌入式设计和心电数据采集嵌入式设计。

习题与练习

一、简答题
1. 简述血氧检测原理。
2. 简述心电数据采集原理。

二、阐述题
1. 阐述心率血氧传感器嵌入式设计步骤。
2. 阐述心电传感器嵌入式设计步骤。

参 考 文 献

[1] DASH P. Getting Started with Oracle VM VirtualBox [M]. Birmingham：Packt Publishing, 2013.
[2] 何晓龙. 完美应用 Ubuntu [M]. 3 版. 北京：电子工业出版社, 2021.
[3] 寻桂莲. 物联网嵌入式程序设计 [M]. 北京：机械工业出版社, 2019.
[4] 邱铁. ARM 嵌入式系统结构与编程 [M]. 3 版. 北京：清华大学出版社, 2007.
[5] 吴军, 周转运. 嵌入式 Linux 系统应用基础与开发范例 [M]. 北京：人民邮电出版社, 2007.
[6] 俞辉. 嵌入式 Linux 程序设计案例与实验教程 [M]. 北京：机械工业出版社, 2009.
[7] 罗苑棠. 嵌入式 Linux 驱动程序与系统开发实例精讲 [M]. 北京：电子工业出版社, 2009.
[8] 沙祥. 嵌入式操作系统实用教程 [M]. 北京：机械工业出版社, 2016.
[9] 广州友善之臂科技有限公司. Mini2440 用户手册 [Z]. 2011.
[10] 徐科军. 传感器与检测技术 [M]. 5 版. 北京：电子工业出版社, 2021.